누구나 세포

SAIBO SHINSHIROKU

by Tsuneo Fujita and Tatsuo Ushiki

© 2004 by Tsuneo Fujita and Tatsuo Ushiki,

copyright renewed © 2012 by Sachiko Fujita and Tatsuo Ushiki

Originally published in Japanese in 2004 by Iwanami Shoten, Publishers, Tokyo.

This Korean language edition published in 2013

by Gbrain, Seoul

by arrangement with the proprieor c/o Iwanami Shoten, Publishers, Tokyo

누구나 세포

ⓒ 우시키 다쓰오 · 후지타 쓰네오, 2023

초판 1쇄 인쇄일 2023년 2월 14일
초판 1쇄 발행일 2023년 2월 24일

지은이 우시키 다쓰오 · 후지타 쓰네오
옮긴이 이정환   감수 김영호
펴낸이 김지영   펴낸곳 지브레인^{Gbrain}
편 집 김현주
마케팅 조명구   제작 · 관리 김동영

출판등록 2001년 7월 3일 제2005-000022호
주소 04021 서울시 마포구 월드컵로7길 88 2층
전화 (02)2648-7224   팩스 (02)2654-7696

ISBN 978-89-5979-504-8(04470)
     978-89-5979-528-4(SET)

가장 쉽고 재미있게 배우는 세포 백과사전

누구나 세포

우시키 다쓰오 · 후지타 쓰네오 지음

이정환 옮김   김영호 감수

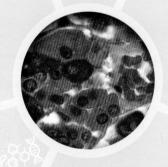

지브레인

추천사

이제는 생명체를 이루고 있는 동식물, 미생물 모두 세포라는 단위체가 생명현상의 기본이라는 것을 많이 이해하고 있다. 우리의 몸은 수십조 개의 개별세포들이 모여서 각자의 신체를 뽐내고 있다. 그러나 이렇게 많은 세포들도 초기에는 수정란이라는 하나의 세포에서 출발하여 수없이 많은 세포주기를 거치면서 분열을 거듭한 끝에 얻어진 결과이다. 이 세포들은 다 같은 수의 염색체 DNA를 가지고 있으나 모양과 기능이 달라지는 것은 그 세포들이 분열한 후 어디로 가며, 어떤 다른 세포들이나 주변 환경과 만나면서 서로 차이를 보이는 유전적 발현과정을 거치는지에 따라 서로 다르거나 같거나 유사한 단백질들이 만들어지면서 모양과 기능이 달라졌다.

이러한 유사 기능을 가진 세포들의 집단은 조직을 만들며, 그 조직들은 다른 조직들과 협력하여 어떤 공통된 기능을 나타내는 기관이 되고, 서로 다른 기관들이 모여서 사람을 비롯한 생명체의 모습을 보여주게 된다. 때문에 고도의 기능과 능력을 간직한 인간 세포의 힘은 지구상에서 최초의 생명체가 발생한 이래 오랜 세월 동안 진화해온 흔적의 누적된 산물이라 생각한다.

《누구나 세포》는 모든 생명체의 가장 기본이 되는 세포, 그중에서도 우리 인간의 세포를 통해 인간이 살아갈 수 있는 힘과 그 근간을 이루는 기관들 속 세포 또는 조직의 모습과 기능을 수백 장의 사진을 통해 현미경적인 시야로 보여줌으로써 누구나 쉽게 이해할 수 있도록 구성하고 있다. 또한 복잡한 묘사 대신 일상생활 속 비유나 예를 들어 그 기능과 모습을 설명함으로써 세포학이나 조직학 등에 관련된 생물학을 공부하거나 세포란 무엇인지 궁금해하는 독자들에게 이해하기 쉽게 다가가 큰 도움이 되리라 생각한다.

수원대학교 김영훈 교수

머리말

다양하고 다채로운 세포들

생물의 몸은 세포로 구성되어 있다. 물론 그 수는 각 생물에 따라 다르다. 짚신벌레나 아메바 등은 한 개의 세포가 하나의 개체를 이루지만, 대부분의 생물은 세포들이 집단으로 모여 이루어져 있다. 예를 들면, 우리 인간의 몸은 수십 조 개의 세포로 이루어져 있다.

이런 인체를 각 부분마다 조사해 보면 같은 타입의 세포가 단순히 나열되어 있는 것은 아니라는 사실을 알 수 있다. 눈과 피부, 머리카락도 모두 세포로 이루어져 있다는 점을 생각하면 세포라는 존재의 다양성을 쉽게 상상할 수 있다.

즉 몸 안에는 실로 다양하고 다채로운 세포들이 생식하고 있으며, 각 세포들이 나름대로의 개성을 발휘하면서 서로 협조하여 인체라는 고용주를 위해 활동하고 있는 것이다. 몸 안의 기둥이나 벽을 만드는 세포, 물질을 흡수하는 것이 전문인 세포, 분비물을 만드는 공장 세포, 배설을 담당하는 세포, 저장고 같은 역할을 하는 세포, 외부의 적으로부터 인체를 지켜주는 전사 같은 역할을 하는 세포, 운동능력이 뛰어난 세포, 자극을 받고 전달하는 세포 등 마치 인체 안에 또 하나의 인간사회가 존재하는 것처럼 보인다.

세포의 발견

'세포'라는 말은 영어의 '셀cell'을 번역한 것이다. 이 말은 1665년에 영국에서 출판된 서적《마이크로그래피아》(미소세계의 도설微小世界의 圖說)에서 처음으로 사용되었다. 이 책의 저자 로버트 훅(1635~1703)은 물리학에서 나오는 탄성彈性의 법칙, 즉 '훅의 법칙'으로 잘 알려져 있는 영국의 과학자다. 이 책은 당시에 아직 낯선 기구였던 현미경을 통해 벼룩이나 이를 비롯하여 주변에서 흔히 볼 수 있는 생물들을 관찰하여 그 모습을 그린 것으로, '코르크의 형태, 또는 조직구조에 대해'라는 장에서 '셀'이라는 말이 등장

한다. 거기에는 얇게 펴서 자른 코르크를 현미경으로 관찰한 그림이 그려져 있는 한편, 코르크가 수많은 작은 공실空室로 이루어져 있다고 기록하고 있다(①). 훅은 이 공실에 대해 작은 방이라는 의미에서 '셀'이라는 말을 사용한 것이다.

훅이 들여다본 코르크의 작은 방은 현재의 식물학에서는 목전세포木栓細胞(코르크세포)라고 불린다. 그러나 중요한 세포는 이미 죽어버렸고, 그 주위가 셀룰로오스cellulose(섬유소)로

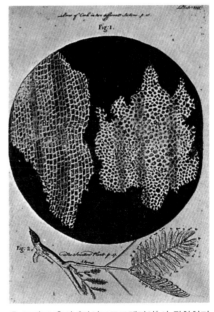

① 로버트 훅의 《마이크로그래피아》의 광학현미경으로 본 코르크 사진.

7

이루어진 세포벽만이 빈 껍데기처럼 남아 있다. 그런 점에서 훅을 '세포를 발견한 사람'이라고 부르는 것은 적절하지 않다.

훅이 이름 붙힌 '세포'라는 빈 껍데기가 내용이 있는 실체로서 그 중요성이 올바르게 지적 받게 되기까지는 뜻밖에도 긴 시간이 걸렸다. 처음에는 현미경으로 보았다는 주장이 사실인지 의심스러운 것도 있었고, 현미경으로 관찰했다고 해도 고정관념에 사로잡혀 기묘한 관찰에 빠지게 되는 경우도 있었다. 때문에 '생체는 세포와 세포가 만들어낸 물질에 의해 성립된다'는 현대적 사고방식의 '세포학설'이 제기된 것은 세포라는 말이 사용되기 시작한지 약 3백 년 이후의 일로, 독일의 식물학자 쉴라이든^{Schleiden}(1838)과 해부생리학자 슈반^{Schawann}(1839)의 논문에 의해서다. 그 후, 광학현미경을 통한 연구로 '세포학'은 급속도로 성장했으며, 세포야말로 독립된 생명현상을 보이는 최소 단위라는 사실이 밝혀졌다.

세포를 관찰하는 방법

살아 있는 세포는 무색투명하고 쉽게 상처가 나기 때문에 관찰하기가 쉽지 않다. 그래서 광학현미경을 사용해서 세포의 구조를 세밀하게 관찰하려면 '고정'과 '염색' 과정을 거쳐야 한다.

우선 동물이나 인체의 조직 덩어리 등의 단백질을 응고시키는 약품(포르말린이나 피크르산 ^{picric酸} 등) 용액에 담가 '고정'하면 날계란을 열로 가열해서 삶은 계란으로 만드는 것처럼 조직은 단단해지고 세포는 살아 있을 때와 거의 비슷한 형태로 보존된다.

이렇게 고정된 조직을 몇 마이크로미터(천 분의 몇 밀리미터)의 두께로 잘라 그 '절편^{切片}'을 염색약으로 염색한 것이 광학 현미경의 표본이다. 20세기

초부터 여러 종류의 염색방법이 고안되었는데, 현재 널리 이용되고 있는 것은 헤마톡실린 에오신$^{Hematoxylin\ eosin}$(이 책에서는 HE로 표기하기로 함)이다. 헤마톡실린은 멕시코산 콩과식물의 줄기에서 얻을 수 있는 청자색의 색소, 에오신은 붉은색의 합성 아닐린^{Aniline}색소다. 이 두 가지 색소를 이용하여 조직을 이중염색하면 세포의 핵은 헤마톡실린에 의해 청자색으로 변하고 세포질이나 세포 밖의 섬유^{纖維}는 에오신에 의해 짙고 옅은 붉은색깔로 물든다.

한편, 광학현미경의 배율은 천 배가 적당하지만 그보다 작은 구조를 살펴보기 위해 광학현미경보다 파장이 짧은 전자선^{電子線}을 이용한 전자현미경(❷)이 발명되어 수십만 배로 확대해볼 수 있게 되었다. 우선, 1940년대에 절편에 전자선을 투과시켜 관찰하는 투과형 전자현미경이 실용화되어 극도로 미세한 세포 내

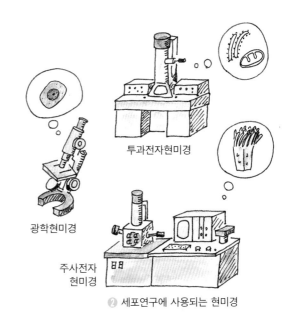

투과전자현미경

광학현미경

주사전자
현미경

❷ 세포연구에 사용되는 현미경

부의 구조를 살펴볼 수 있게 되었고, 1960년대에는 표본 전체를 전자로 주사^{走査}하여 관찰하는 주사형 전자현미경이 발명되면서 세포의 입체적인 모습까지 볼 수 있게 되었다. 그리고 세포를 둘러싸고 있는 점액이나 섬유성^{纖維性} 물질을 효소나 알칼리로 녹여서 제거한 뒤 주사전자현미경을 사용하

면 옷(결합조직)을 입고 있는 신사숙녀 세포들을 완전히 벌거벗겨 관찰할
수도 있다. 이 책에는 그런 사진들을 다양하게 수록했다. 덧붙여, 전자현미
경 사진은 모두 색깔이 없는 흑백의 세계지만, 이 책에서는 세포나 작은 기
관들을 쉽게 구별할 수 있도록 대부분의 사진에 색깔을 입혔다.

세포의 공통 구조

이처럼 다양한 현미경 기법에 의해 밝혀진 세포의 기본구조를 간단히 살
펴보자(❸).

세포는 세포막이라는 얇은 기름(인지질)의 막으로 싸여 있는 물주머니라
고 할 수 있다. 식물인 경우에는 그 주위에 섬유소로 이루어진 세포벽이라
는 단단한 껍질이 달라붙어 있는데, 훅은 바로 이 껍질을 본 것이다.

세포막 안에 고여 있는 액체는 '원형질'이라고 한다. 일반적인 세포 안에

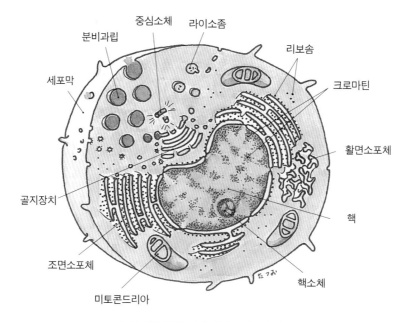

분비과립
중심소체
라이소좀
리보솜
세포막
크로마틴
활면소포체
골지장치
핵
조면소포체
핵소체
미토콘드리아

❸ 전자현미경에 의해 밝혀진 세포의 기본 구조

는 다시 막으로 둘러싸인 둥근 핵이 있는데, 핵 안의 원형질을 '핵질', 바깥의 원형질을 '세포질'이라고 부른다.

핵은 DNA의 격납고다. 현미경으로 보면 핵의 내부는 핵소체와 크로마틴(염색질染色質)으로 구별할 수 있다. 크로마틴은 DNA가 특정 단백질(히스타민 등)과 결합하여 이루어진 끈 덩어리로, DNA의 전사轉寫는 이 끈의 일부를 풀면서 진행된다. 한편, 핵소체는 리보핵산RNA을 만드는 장소인데, 핵소체에서 합성된 RNA가 핵막核膜의 작은 구멍을 통해 세포질로 운반되어 리보솜이라는 장치를 만든다.

세포질에는 여러 종류의 작은 장치, 이른바 마이크로머신이 탑재되어 있으며 이것들을 뭉뚱그려 세포소기관이라고 부른다. 이미 설명한 리보솜도 세포소기관의 하나로, DNA의 유전정보를 베낀 메신저 RNA의 코드 정보를 번역하여 단백질을 만들어낸다. 이른바 '단백질 합성장치'다. 세포소기관으로는 그 밖에도 골지체, 소포체, 미토콘드리아, 중심소체中心小體, 라이소좀 등이 존재한다. 이런 구조는 세포가 살아가기 위해, 또는 다양한 능력을 발휘하기 위해 없어서는 안 될 구조다. 또, 세포 안에는 세포관細胞管이나 액틴필라멘트actin filament, 미오신필라멘트myosin filament라는 섬유성 성분이 존재하여 세포의 골격을 이루는 데 도움이 되는 역할을 담당하는 한편, 물질의 수송이나 세포의 신장伸長, 운동 등에도 이용되고 있다.

이런 구조의 발달 정도나 배열의 차이가 세포들의 '얼굴'이며, 그 얼굴이 그들의 활동(기능)을 반영한다. 하지만 현대의 세포생물학 연구에서는 이런 세포들의 개성이 무시되고 모든 세포들이 규격품으로 나뉘어지기 쉽다. 따라서 이 책에서는 생체라는 '사회'안에서 활동하는 신사 숙녀 세포들 중에서 대표적인 얼굴들을 모아 그들의 '정체', '모습', '능력' 등을 소개하기로 한다.

 PART 1 **인체빌딩의 건축사** 18

CONTENTS

PART 3 총 가동되는 가내공장 100

PART 4

믿음직한 방어부대 142

PART 5

운하 도시의 시민 174

PART 6 엘리트 스포츠 선수 202

PART 7 정보사회의 관리직 228

PART 8 관리직 못지않은 능력 258

PART 9 자손을 만드는 담당자 298

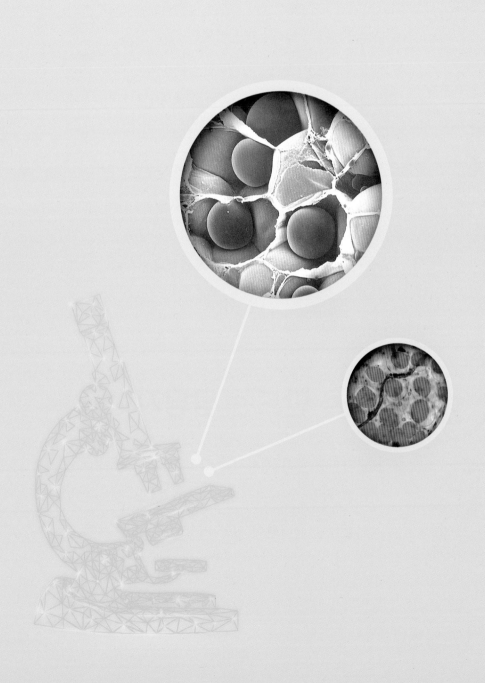

인체빌딩의 건축사

01 실을 토해내는 괴상하게 생긴 새

섬유아세포

인체라는 건축물은 역학적으로 매우 강하고 단단하다. 두 팔을 양쪽에서 있는 힘을 다해 잡아당겼는데(탈구 되는 경우도 있지만) 팔이 몸에서 떨어져 나왔다거나 손이 손목에서 떨어져 나왔다는 말은 들어 본 적이 없다. 그 이유는, '잡아당기는 힘'에 강한 섬유가 뼈와 연골, 그리고 그것들을 연결하는 인대나 관절포關節包. Joint capsule를 만들고 있기 때문이다.

이런 괴력을 가지고 있는 것이 '교원섬유collagenous fiber'다(❶). 교

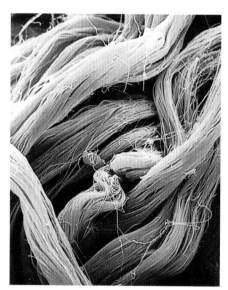

❶ 콜라겐섬유를 주사현미경으로 들여다본 사진. 사람의 피하조직. ×970

원섬유는 콜라겐^{collagen}(교원질膠原質)이라는 단백질로 이루어져 있기 때문에 '콜라겐섬유'라고도 불리는데 이 책에서는 콜라겐섬유라고 부르기로 한다. 피부의 단단한 층(진피)도 콜라겐섬유의 집합체이며, 동물의 진피로 만들어진 지갑이나 허리띠를 보면 그 부드러운 강인함을 느낄 수 있다.

콜라겐섬유는 근육을 감싸고 내장을 보호하며 그 내부에 침입하여 세포 하나 하나를 가느다란 섬유로 부드럽게 에워싸고 있다. 이와 같은 콜라겐섬유도 당연히 세포가 만든 것이지만 이런 사실이 때로 간과되는 경우가 있다. 아름다운 견직물을 보고 실을 토해내는 누에를 생각하는 사람은 드물기 때문이다. 그런 이유에서, 콜라겐을 만드는 섬유에 콜라겐을 만들어내도록 명령을 내리는 '섬유아세포'를 이 책 첫 머리에 등장시켰다.

섬유아세포는 스스로 만든 섬유에 파묻혀 핵은 있지만 세포질은 찾아보기 어렵다(❷). 그러나 전자현미경으로 보면 넓은 날개를 펼친 새 같은 모

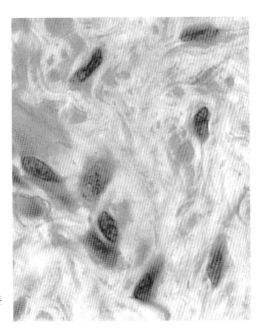

❷ 콜라겐섬유를 주사현미경으로 들여다본 사진. 사람의 피하조직. ×970

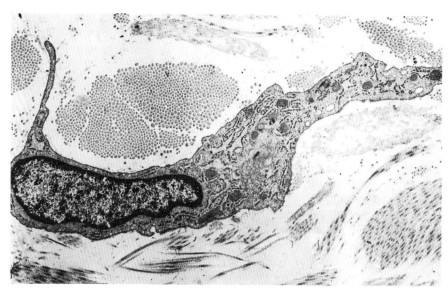

❸ 섬유아세포를 투과전자현미경으로 들여다본 사진. 국수 다발 같은 단면은 콜라겐섬유. 쥐의 피하조직.
×10000

습으로 보이는데(❸, ❹) 얇은 날개와 그 돌기를 다양한 세포 사이로 뻗치고 미세한 혈관이나 신경까지 감싸고 있다.

섬유아세포가 콜라겐섬유를 만드는 과정은 오래 전부터 중요한 연구주 제였다. 현재는, 이 세포의 조면소포체와 골지체에 의해 콜라겐의 전구체 에 해당하는 프로콜라겐 분자가 만들어진다는 사실이 밝혀졌다. 이 분자가 세포 밖으로 방출되어 그 양 끝이 효소에 의해 절단되면 콜라겐 분자가 된 다. 그리고 이것이 모여 '콜라겐 세섬유'라는 미세한 실이 만들어지고, 다 시 굵은 다발을 이루어 콜라겐섬유가 된다.

한편, 세포 밖으로 방출되는 순간에 콜라겐 세섬유로 굳어지는 젤라틴 모양의 물질이 누에가 실을 토해내는 것처럼 분비된다고 주장하는 사람도 있다. 젊은 동물의 조직을 주사전자현미경으로 관찰해 보면, 섬유아세포의

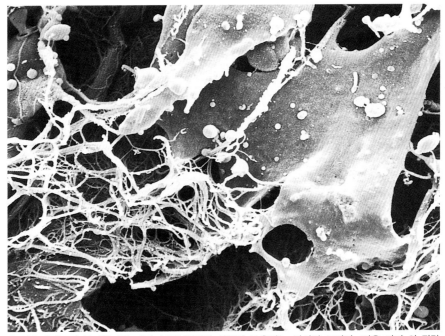

④ 섬유아세포의 주사현미경 사진. 날개 끝에서 섬유가 분출되는 것처럼 보인다. 젊은 쥐의 위 점막에서. ×9000

돌기 부분이나 평탄 부분에서 콜라겐 세섬유의 다발이 나와 있는 모습을 자주 볼 수 있는데, 그야말로 괴상하게 생긴 새가 실을 토해내는 듯한 웅장한 모습이다(④).

사실, 반세기 이전에 이와 비슷한 장면을 광학현미경으로 살펴보고 기록한 사람이 있었다. 마리 스턴스$^{Stearns\ ML}$(1940) 라는 여성 연구자다. 그녀는 살아 있는 토끼의 귀에 투명하고 둥근 창을 붙인 뒤 10주 동안 관찰한 결과, 섬유아세포가 어떤 식으로 콜라겐섬유를 만들어내는지 확인하고 그 모습을 스케치했다(⑤).

당시에는 섬유아세포가 섬유를 형성하는 데에 관여하지 않는다는 것이

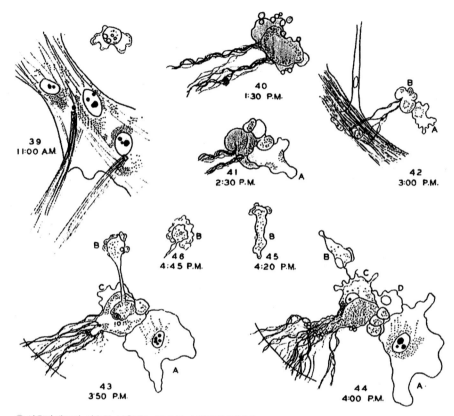

🔵 섬유아세포가 섬유를 분출하는 모습을 스케치한 기록 (Stearns ML : AM J Anat 67 :55 ~ 97.1940)

일반적인 사고방식이었다. 그러나 그녀는 이 세포가 나타나는 장소에만 섬유가 형성된다는 사실을 기록하고, 이 세포의 돌출 부분이나 평탄 부분에서 섬유가 뻗어 나오는 장면을 그림으로 그려냈던 것이다.

02 레이스 짜기의 명인

지방세포

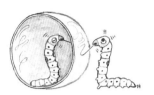

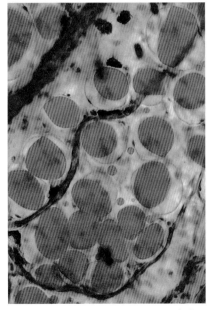

① 지방세포 집단. 중성지방을 수단Ⅲ Sudan Ⅲ로 붉게 염색했다. 혈관은 보라색으로 보인다. 쥐의 피하조직을 늘인 표본. ×100

　대부분의 사람들은 지방세포라는 말을 들으면 불구대천의 원수처럼 생각한다. 그래서 때로는 많은 돈을 들이고, 자신의 건강을 희생하면서까지 지방세포를 줄이기 위해 총력을 기울인다.

　그러나 이 지방세포의 분포 형식은 매우 특이해서 다이어트를 해서 살을 빼려고 할 경우, 유방까지 줄어드는 여성노 있나. 유방의 풍민함을 만들어주는 주체는 유선보다는 지방조직이기 때문이다.

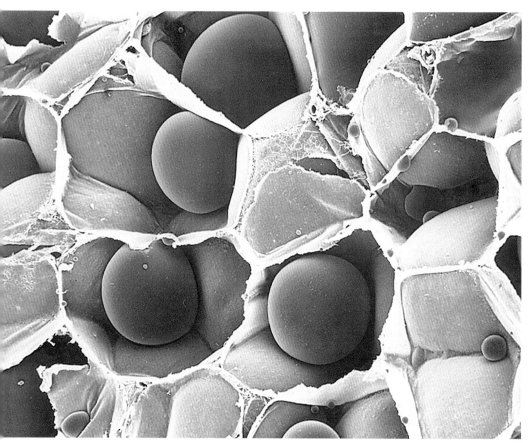

❷ 지방세포 집단을 절단하여 주사현미경으로 들여다본 사진. 표본 안에는 지방덩어리가 일부 녹아서 작아져 있다. 쥐의 피하조직. ×450. 사진은 착색한 것.

지방세포는 커다랗고 둥근 세포로, 그 몸은 중성지방 한 개의 기름방울로 채워져 있으며(❶, ❷) 이 기름방울을 감싸고 있는 얇은 세포질 안에 한 개의 일그러진 핵이 있다. 지방세포는 일반적으로 집단을 이루며, 지방조직으로서 피하皮下나 장간막腸間膜, Mesenteric 등에 분포한다.

지방조직은 언뜻 보면 단순히 지방을 저장하는 저장고처럼 보인다. 그러나 사실은 혈액에서 오는 정보(특히 인슐린이나 에스트로겐)에 대응하며 신경

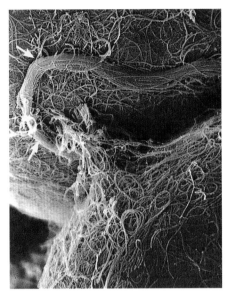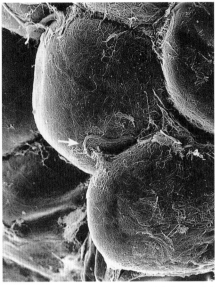

❸ 지방세포의 표면을 감싸고 있는 세망섬유를 주사현미경으로 들여다본 사진. 굵은 콜라겐섬유가 지방세포들을 연결하고 있다(화살표). 쥐. 오른쪽 : ×600. 왼쪽 : ×5000

의 자극을 받아 민첩하게 재고를 처리한다. 또한, 지방세포 안에 저장된 중성지방은 필요에 따라 지방산$^{fatty\ acid}$과 글리세롤^{glycerol}로 분해되어 에너지의 원천으로 이용된다.

한편, 지방세포 주위에는 세망섬유^{世網纖維}(가느다란 콜라겐섬유)가 치밀한 층을 이루고 있다. 지방세포 집단은 피하나 장기의 틈에 존재하면서 물베개 같은 역할을 담당하고 있기 때문에 상당한 압력을 받는다. 따라서 이 압력 때문에 지방세포가 밀려나가지 않도록 하기 위해 콜라겐 주머니가 설치되어 있는 것이다. 이 주머니를 주사현미경으로 관찰해 보면, 우아하고 아름다운 레이스 편물처럼 보인다. 좀 더 자세히 관찰해 보면, 가 지방세포에 포도열매의 꼭지처럼 콜라겐섬유가 달라붙어 있고 그것이 세포 표면으로 열려 있다(❸). 이런 식으로 세포를 연결하는 구조가 없다면, 제멋대로 이

④ 알칼리를 이용하여 세포
성분을 제거하면 세망섬유
주머니가 남는다. ×350

동하는 지방세포를 도저히 제어할 수 없을 것이다.

알칼리를 사용하여 세포성분을 제거하면 지방세포 주머니를 안쪽에서 살펴볼 수 있는데 가느다란 콜라겐 섬유의 곡선이 서로 교차해 있어 마치 누에고치의 실을 보는 듯하다(④, ⑤). 이 아름다운 레이스를 만드는 것은 지방세포 자신으로, 누에가 고치 안에서 실을 토해내는 것처럼, 지방세포도 안쪽에서 콜라겐을 토해내어 레이스를 짜고 있다.

그런데 최근, 지방세포가 렙틴[leptin](렙토스는 '야윈다'는 그리스어)이라는 호르몬을 방출한다는 사실이 발견되었다(프리드먼 등 1994년). 음식을 많이 섭취하여 지방세포의 양이 증가하면 렙틴이 혈액 안에 증가하는데 이 렙틴이 시상하부에 있는 '만복중추'의 뉴런을 자극하여 음식을 섭취하려는 욕망을 억제한다. 그리고 동시에, 감각신경을 개입시켜 기초대사가 높아진다. 즉 비만이 되면 렙틴에 의한 브레이크(네거티브 피드백)가 걸리기 때문에 정상인은 어느 정도 과식하더라도 체중이 거의 일정하게 유지된다.

그런 이유에서, 한 때 렙틴은 '꿈의 다이어트 약품'으로 기대를 모았다. 그러나 비만인 사람이나 동물의 경우에는 혈액 안의 렙틴 농도가 높아져도 음식을 섭취하는 욕망을 억제하려는 현상이 나타나지 않았다. 이것은, 렙틴에 의한 네거티브 피드백 구조 어딘가가 고장났기 때문이라고 여겨지고 있다. 따라서 비만은 쉽게 해결될 수 있는 문제는 아니다.

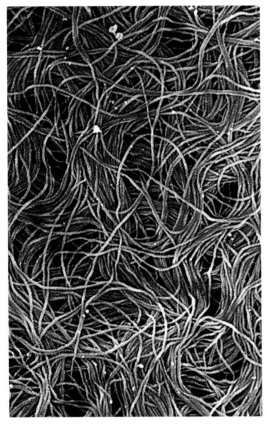

🄕 섬유주머니의 내부를 확대. ×7000

03 물로 이루어진 쿠션

연골세포

연골이라는 말은 '뼈와 비슷하면서 뼈보다 연약한 조직'이라는 의미로, 우리가 신체 외부로부터 연골을 만질 수 있는 곳은 코와 귀의 단단한 부분이다. 남성의 목젖도 연골로 이루어져 있다.

이 연골들은 꽤 단단한 것처럼 느껴질 수도 있지만, 뼈와 비교하면 훨씬 부드럽다. 이 '단단한 것 같으면서도 부드러운 성질'을 갖고 있는 연골은 외부에서 가해지는 압력에 대해 유연성과 저항성이 있기 때문에 쿠션처럼 충격을 흡수하는 재료로도 이용할 수 있다. 관절 부분에서 서로 부딪히는 뼈의 표면이 연골로 싸여 있는 이유는 바로 이런 충격 흡수작용 때문이다. 체중이나 하중을 그대로 견뎌내야 하는 무릎이나 발목의 관절연골은 1평방센티미터 당 2백 킬로그램이나 되는 압력을 견딜 수 있다.

연골을 현미경으로 관찰해 보면, 주먹밥 모양의 한 세포들이 불투명유리 같은 물질 안에 갇혀 있다(●). 이 주먹밥이 연골세포이고 그것을 메우고

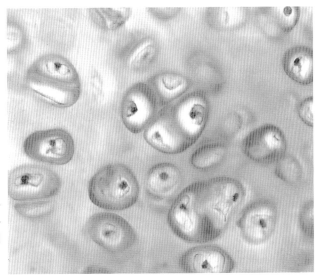

❶ 연골의 슬라이스를 광학 현미경으로 들여다본 사진. 눈알처럼 생긴 연골세포가 집단을 이루고 있다. 쥐. HE. ×250

있는 물질이 연골기질^{軟骨基質}이다. 연골세포는 기질 안에 한 개가 들어 있는 경우도 있지만 대부분은 두세 개가 근접하여 파묻혀 있다(❶, ❷, ❸).

이 세포들은 기질에 파묻힌 상태에서 분열을 했기 때문에 만들어진 집단이다. 즉 칼슘에 의해 고정된 뼈와는 달리 연골은 떡이 부풀어 오르듯 내부로부터 부피를 늘릴 수 있는 것이다. 이런 유연성은 어디에서 나오는 것일까?

투과전자현미경으로 연골을 살펴보면(❷) 연골기질에는 매우 가는 콜라겐 세섬유가 채워져 있는 것을 볼 수 있다. 또, 이 콜라겐 세섬유끼리의 틈새에는 무성한 털 같은 구조가 보이는데, 이것은 가늘고 긴 단백질에 엄청나게 많은 당(糖: 콘드로이틴 황산^{Chondroitin Sulfate}이나 헤파린 황산^{heparin sulfate: HS})의 고리가 매달려 형성된 어그리칸^{aggrecan}이다. 이 분자가 그보다 긴 끈 모양의 히아루론산^{Hyaluronic Acid}과 결합한 것이 콜라겐 세섬유에 휘감겨 있는데, 어그리칸은 강한 마이너스 전하를 가지고 있기 때문에 연골기질에 나

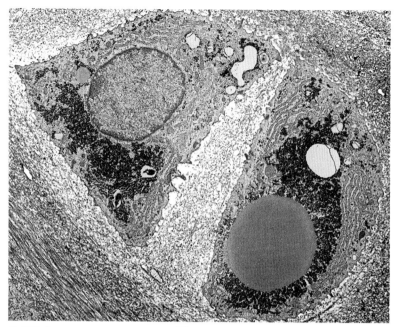

❷ 연골세포(청색으로 착색된 부분)와 기질基質을 투과전자현미경으로 들여다본 사진. 왼쪽의 세포에는 핵이, 오른쪽의 세포에는 커다란 지방이 보인다. 검은색의 입자들은 글리코겐 glycogen. 쥐의 기관연골氣管軟骨. ×2000

트륨이온과 함께 물분자가 모여든다. 따라서 연골기질은 콜라겐 세섬유의 강한 그물 안에 물이 가득 채워져 있는 물베개 같은 구조를 이루고 있으며 단단하면서도 유연성을 갖춘, 특히 압력에 강한 소재로 형성되어 있다. 물론 연골기질의 기본성분(Ⅱ형 콜라겐과 어그리칸)은 연골세포 자신이 분비한 것이다.

일반적으로 연골에는 혈관이 존재하지 않는다. 따라서 연골세포에 산소를 비롯한 영양을 공급하려면 연골기질에 채워져 있는 물속을 확산시키는 방법으로 공급활동이 이루어져야 한다. 그런 면에서 연골세포는 매우 튼튼할 뿐 아니라 혈관으로부터 떨어진 세포치고는 매우 활발한 활동을 하

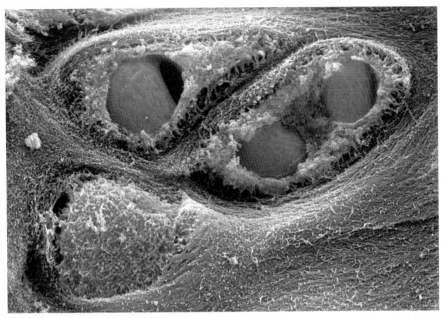

❸ 연골세포(청색으로 착색 된 부분)를 주사전자현미경으로 들여다본 사진. 위쪽의 두 세포는 깨어져 내부의 지방이 보인다. 생쥐의 기관연골. ×1500

고 있다고 말할 수 있다. 연골세포의 세포질에는 글리코겐(❷)이 풍부하게 축적되어 있기 때문에 이것을 산소를 사용하지 않고 분해하여 글루코스 glucose로 만들어 생명활동을 유지하는 듯하다.

한편, 연골에 혈관이 존재하지 않는다는 점에 착안한 연구자는 연골기질에 혈관을 만들지 못하게 하는 물질을 가정하고, 종양혈관의 신생을 저해하는 항암제로 이용할 수 있는 방법은 없는지 생각했다. 그리고 실제로 연골세포의 증식과 분화의 촉진을 담당하는 콘드로모듈린 choondromodulin 등 몇 가지의 단백질에 이런 혈관신생 어제작용이 있다는 사실이 밝혀났다. 상어의 연골이 건강식품으로서 화제가 되고 있는 이유는 이런 작용을 기대하기 때문이지만 그 효과는 아직 확실하지 않다.

04 벽 속의 활동가

뼈는 대량의 콜라겐 세섬유의 틈이 치즈처럼 균일한 성질의 유기질로 채워지고 거기에 또 대량의 칼슘염이 침착되어 형성된 이른바 철근 콘크리트

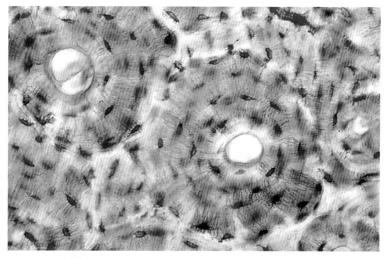

❶ 사람의 경골脛骨을 가로로 자른 단면. 골세포와 그 돌기가 붉은색소로 염색되어 있다.
  ×100

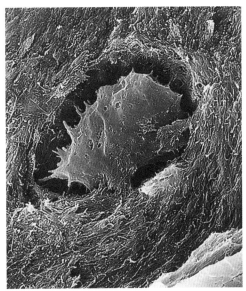
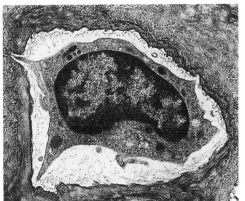

② 골세포를 주사전자현미경(왼쪽)과 투과전
자현미경(오른쪽)으로 들여다본 사진. 양쪽
모두 쥐. ×3000

구조물이다. 더구나 층처럼 이루어진 콘크리트의 얇은 판은 혈관이 지나는
'중심관'주위를 동심원 모양으로 몇 겹이나 둘러싸고 있다(①). 둥근 기둥
모양의 양과자 같은 원기둥이 다발처럼 모여서 '뼈'라는 강하고 튼튼한 건
조물을 형성한다. 이 콘크리트 층판에는 작은 구멍들이 뚫려 있는데 그 안
에 들어 있는 것이 바로 골세포다(①. ②).

골세포가 들어 있는 구멍에는 가느다란 수많은 터널이 미로처럼 뻗어 있
는데, 이 터널을 자세히 살펴보면 옆 구멍과 연결되면서 한가운데 부분은
중심관을 향하여 확실하게 열려 있다. 골세포는 이 안에 세포돌기를 뻗고
벽 속의 동료들과 손을 잡고 있을 뿐 아니라, 중심관의 혈관으로부터 산소
와 영양을 흡수한다.

뼈의 콘크리트를 화학적으로 녹여서 제거한 뒤에, 주사전자현미경으로
골세포를 살펴보면 골세포의 돌기가 만들어내는 복잡한 모양에 놀라지 않

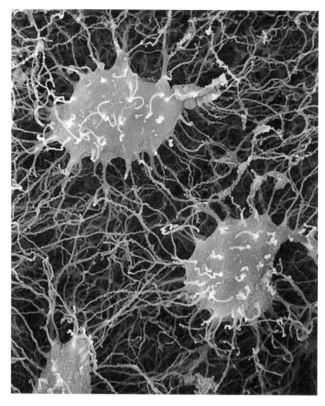

❸ 알칼리에 의해 기질이 녹아서 벌거숭이가 된 골세포. 수많은 돌기가 서로 연결되어 있는 모습이 보인다. 생쥐. ×2700

을 수 없다(❸).

골세포는 주위에 석회 침착이 없는 밝은 기질의 층을 가지고 있으며(❷) 외부세계의 자극이나 혈액의 칼슘 농도에 맞추어 이 층을 증감시키면서 뼈의 칼슘을 내보내기도 하고 받아들이기도 한다. 그런 점에서 골세포는 벽 속에 갇혀 있는 고독한 죄수가 아니라 벽 바깥 세계의 정보에 민감하게 반응하는 활동가라고 할 수 있다.

이 세포가 벽 속에 살기 전에는 세포질이 풍부하고 매우 활발한 청년으로 '조골세포 osteoblast'라고 불린다. 그러다가 성장 중인 작은 뼈의 표면에 달라붙어 직접 만드는 섬유와 기질을 이용해 층판을 한 장씩 덧붙여 뼈의 기둥을 신축하거나 증축하는 것으로 마침내 거대한 뼈를 만든다. 골세포는 이처럼 위대한 기술자이지만 한 장의 층판을 만들면 자신을 그 안에 가두고 즉시 벽 내부로 은퇴하여 다음 층판을 만드는 일은 후배에게 맡긴다.

한편, 뼈는 일단 형성이 되었다고 해서 그것으로 끝나는 것이 아니라 내부에서 개축이 이루어진다. 이곳저곳에서 파골세포osteoclasts에 의한 구멍이 만들어지고 그 내면에 조골세포가 늘어서면서 새로운 뼈 기둥을 만든다.

뼈의 성장과 개축을 동적動的으로 연구할 수 있는 발단을 만든 사람은 런던의 외과의사 J. 베르처였다.

1738년 어느 날, 친구의 농가에서 식사를 하고 있던 그는 접시 위의 돼지 뼈가 붉은색이라는 사실을 깨달았다. 이상하게 생각하고 조사해보니 이 집의 돼지 사료에 천을 물들이는 꼭두서니 뿌리의 즙이 섞여 있었다. 또 런던의 외과의사이며 위대한 실험의학자였던 존 헌터는 꼭두서니의 색소가 신생 중인(정확하게는 석회화 현상을 일으키고 있는) 뼈의 층에 침착된다는 사실을 간파했다. 그래서 돼지에게 꼭두서니를 1주일 동안 먹게 하고 1주일 쉬게 한 뒤에 다시 먹이는 식으로 실험을 실시하여 뼈의 성장을 연륜처럼 표시할 수 있었다.

뼈가 만들어지는 과정을 현미경 수준으로 더욱 정확하게 해석하는 방법을 연구한 사람은 오카다 마사히로岡田正弘(1937)였다. 도쿄 고등치과의학교(도쿄의과 치과 대학의 전신)의 약리학교수였던 오카다는 유곽여성의 젖먹이 아이의 치아가 검은색이라는 점을 깨닫고 어

❹ 오카다 마사히로(1900~1993)

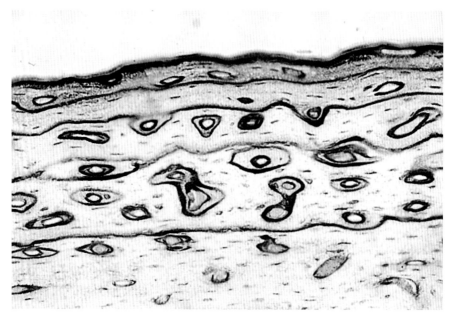

ⓘ 오카다 마사히로가 초산납을 이용한 방법으로 토끼뼈의 발육을 나타낸 표본. 며칠 간격으로 다섯 차례의 초산납을 주사했다.

머니의 유방에 묻은 가루분의 납 성분을 아이가 먹었기 때문이라고 생각했다. 그래서 동물실험을 통하여 성장 중인 치아(상아질)와 뼈에 납이 침착된다는 사실, 나아가 석회화가 진행되고 있는 장소에 침착된다는 사실을 밝혀냈다. 동물에게 초신납 용액을 주사한 뒤 뼈를 얇게 썬 조각을 만들어 납을 은銀으로 치환하자 주사할 때에 석회화 현상을 보이던 뼈의 층판이 검은색으로 나타난 것이다.

05 군침을 흘리는 거대한 코끼리

파골세포

뼈를 만드는 조골세포가 있으면 뼈를 녹여서 흡수하는 세포도 있는데 이것이 파골세포다. 사실, 단단한 뼈가 성장과 함께 자랄 수 있는 이유는 이 두 세포의 활동이 균형 있게 이루어지기 때문이다(❷).

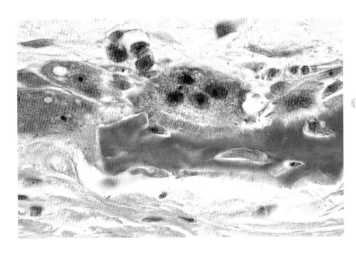

❶ 파골세포. 한가운데에 한 개. 다핵多核의 거대한 세포가 골질骨質의 판(청색으로 염색된 부분)에 모여 있다. 성장 중인 사람의 두개골. 아잔 염색Azan staining.
×480

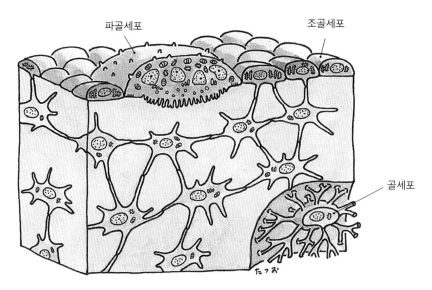

파골세포   조골세포

골세포

❷ 파골세포를 중심으로, 뼈를 이루는 세포들의 모습을 표현한 모형도.

조골세포를 사람 정도의 크기라고 하면 파골세포는 코끼리보다 크다고
말할 수 있다. 파골세포는 수십 개나 되는 핵을 가지고 있으며 세포질도 풍
부하다. 또, 광학현미경의 일반적인 염색에서 푸른색깔로 물이 드는 조골
세포와는 대조적으로, 파골세포는 붉은색깔로 염색된다. 이것은 풍부한 미
토콘드리아가 에오신eosin이라는 색소에 의해 붉게 물들기 때문이다.

이 붉은색의 거대한 코끼리는 뼈의 표면 여기저기에 자리를 잡고 있는
데, 뼈 모양은 움푹 들어가 있는 경우가 많으며 거대한 코끼리의 배에 해당
하는 부분에는 프릴이 달려 있다(❶, ❷). 물결처럼 생긴 이 프릴은 전자현
미경으로 보면 가느다란 판 모양과 손가락 모양의 돌기들이 모여 있는 집
단이다(❸, ❹). 또 이 프릴 주위에는 도넛 모양으로 골질에 밀착된 부분이
있고, 골 흡수 영역을 확실하게 뒤덮고 있다는 사실도 밝혀졌다. 즉 파골세

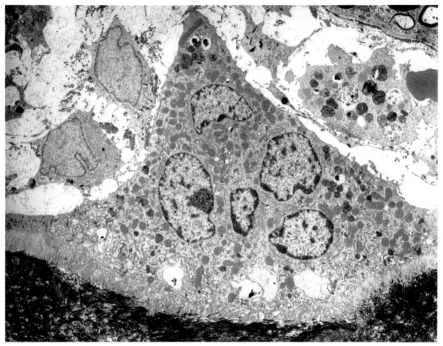

③ 파골세포(보라색)를 투과전자현미경으로 관찰한 사진. 다섯 개의 핵의 단면과 풍부한 미토콘드리아가 보인다. 뼈를 녹이는 물결처럼 생긴 프릴은 짙은 핑크로, 그 주변을 덮고 있는 세포질의 고리를 황색으로 착색했다. 쥐. ×2400

포는 도넛의 구멍 안에 갇혀 공간에 수많은 혀를 내밀고 괄태충처럼 뼈를 핥고 있는 것이다(②. ③).

니가타新潟 대학의 오자와 히데히로小英浩 교수(당시) 팀은 연구를 통해서 이 도넛의 구멍 안에서의 용해와 흡수 과정을 밝혀냈는데 그 내용은 다음과 같다.

파골세포는 위장의 염산분비세포와 비슷한 성과를 서쳐 염산을 만들어 내며 이것을 흡수영역에 분비하는 것으로 뼈의 미네랄을 녹인다. 파골세포에 미토콘드리아가 풍부한 이유는 산酸을 생산하기 위해 전체가 회전하

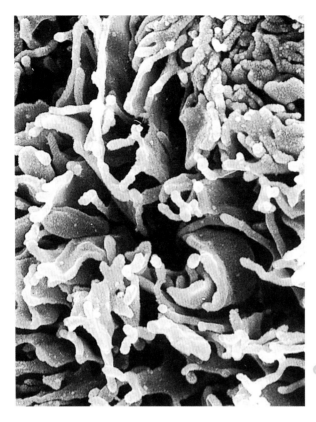

❹ 파상연의 표면(뼈에 접촉해 있던 면)을 주사전자현미경으로 들여다본 사진. 쥐. ×9,200

고 있는 프로톤펌프^{Proton pump}에 에너지를 공급하기 위해서다. 한편, 이 세포는 가수분해효소를 만들어 흡수영역으로 방출하고 있으며 이를 통해 뼈의 콜라겐 세섬유를 포함하는 유기성분을 분해할 수 있다. 골질에서 떨어져 나온 칼슘이나 거의 분해된 콜라겐이 프릴 사이에서 활발하게 받아들여져 칼슘은 재활용되기 위해 펌프아웃 되고 유기질은 세포 안에서 소화된다. 이렇게 해서 파상연 부분에서 뼈가 흡수되는 것이다.

파골세포의 유래에 대해서는, 조골세포에서 생성된다거나 대식세포^{macrophage}에서 생성된다는 등 다양한 설이 있었지만 최근에는 점차 단핵구 유래설로 압축되어 왔다. 즉 파골세포는 대식세포와 친척 관계에 있는 세포인 것이다. 물론 단핵구Monocyte까지 분화하지 않는, 훨씬 미성숙한 줄기세포stem cell가 골수에서 만들어져 단핵세포로서 혈액을 타고 흘러온 뒤 수십 개가 융합하여 다핵의 파골세포가 형성된다.

파골세포를 자극하는 인자로는 부갑상선호르몬PTH. Parathyroid Hormone, 비타민 D, 프로스타글란딘prostaglandin E2 등이 활동한다는 사실이 밝혀졌다. 이런 물질이 조골세포의 수용체receptor에 작용하면, 조골세포가 사이토카인Cytokine(면역세포들이 분비하는 단백질)을 방출하여 가까이에 있는 파골세포를 자극한다.

그런 한편, 갑상선의 칼시토닌Calcitonin이라는 호르몬은 골흡수를 억제하는 대표적인 인자이며, 파골세포에 직접적으로 작용한다. 한 개의 파골세포 표면에는 이 수용체가 5만 개나 있는데 칼시토닌이 수용체에 작용하면 파골세포는 먹는 행위를 중지하고 뼈에서 이탈한 뒤 크기가 작아져 잠들어버린다. 이것은 뱃속에 폭약을 끌어안고 있는 거대한 코끼리 같은 파골세포가 제멋대로 행동하지 않도록 자연의 여신이 미리 강구해둔 안전한 수단이 아닐까?

06 보석을 만드는 마술사

법랑아세포

이가 하얗게 보이는 이유는 표면을 덮고 있는 법랑질이 하얗게 빛나기 때문이다. 이는 인체에서 가장 단단한 조직으로 다이아몬드에는 미치지 못

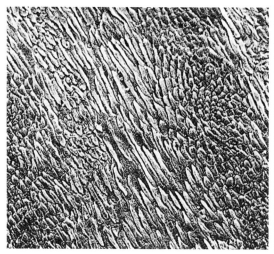

❶ 사람의 법랑질을 쪼갠 단면을 주사전자현미경으로 들여다본 사진. 수많은 법랑소주^{小柱}가 보이는데 그 집단에 따라 주행 방향이 다르기 때문에 큰 줄무늬를 보여준다. ×250

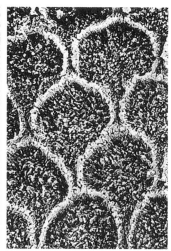

❷ 사람의 법랑소주의 횡단면을 주사전 자현미경으로 들여다본 사진. 주걱 모양의 기둥들이 서로 맞물려 있다. ×3300

하지만, 수정의 경도와 맞먹는다. 단, 단단한 반면에 무르다는 약점도 가지고 있다. 이 보석의 성분은 96~97%가 인산칼슘이고 나머지가 유기질과 수분이다. 인산칼슘은 하이드록시아파타이트^{Hydroxyapatite}(수산화인회석)라는 결정 상태로 존재하며 이런 점에서 뼈나 상아질과 같다. 그러나 법랑질의 결정은 상아질이나 뼈의 결정보다 훨씬 대형으로 빈틈없이 맞물려 견고하게 형성되어 있다.

숫돌을 사용하여 이를 종이처럼 얇게 간 표본을 관찰해 보면, 법랑소주라고 불리는 수많은 기둥 모양의 물질들이 상아질과의 경계로부터 이 표면을 향해서 배열되어 있다(①). 이 작은 기둥들의 다발은 파도를 치듯 달리고 있으며, 일정한 간격으로 교차하는 세심한 입체구조를 이루고 있다. 그리고 법랑소주의 횡단면은 주걱 모양이며 이웃해 있는 소주와 비늘처럼 맞

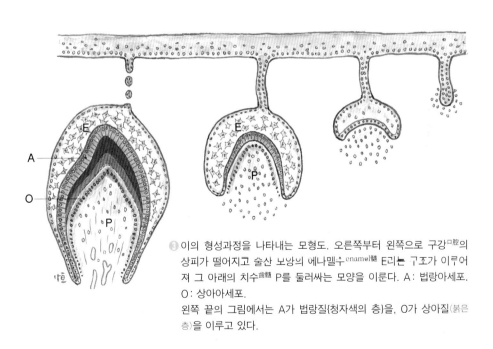

❸ 이의 형성과정을 나타내는 모형도. 오른쪽부터 왼쪽으로 구강^{口腔}의 상피가 떨어지고 술산 보낭의 에나멜수^{enamel髓} E리는 구조가 이루어져 그 아래의 치수^{齒髓} P를 둘러싸는 모양을 이룬다. A: 법랑아세포. O: 상아아세포.
왼쪽 끝의 그림에서는 A가 법랑질(청자색의 층)을, O가 상아질(붉은 층)을 이루고 있다.

물려 있다(❷). 즉 법랑질은 특수한 모양을 갖추고 있는 이 법랑소주의 '끈'으로 단단하게 짜여진 강력한 구조물인 것이다.

그런데 이 법랑질을 만드는 것이 법랑소주아세포다. 태생 18주 정도가 되면 치배^{齒胚}(이의 원천이 되는 술잔 모양의 상피 ❸). 안쪽의 상피세포가 점차 자라나 생산성이 높은 법랑아세포가 된다(형성기의 법랑아세포). 신장 50미크론에 이르는 늘씬한 그 모습은 보석이라는 표현이 어울린다(❹).

세포의 위쪽 끝은 튜브 끝처럼 가늘어져 있으며 이곳에서 치약 같은 법랑질의 바탕(법랑기질이라고 함)이 밀려나온다(❺).

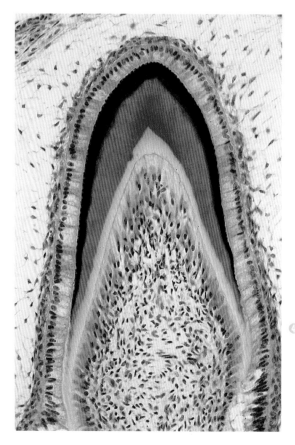

❹ 형성 중인 사람의 치아를 광학현미경으로 들여다본 사진 ❸과 비교해 볼 것. 법랑질(검은 층)의 표면에 원기둥 모양의 법랑아세포의 열이, 상아질(붉은색) 아래에 상아아세포의 열이 이루어져 있는 모습이 보인다. ×160

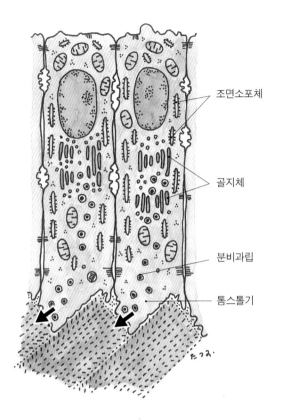

조면소포체

골지체

분비과립

톰스돌기

❻ 법랑아세포의 모형도.
분비과립은 머리부분
의 돌기(톰스돌기)의 왼
쪽 면에서 분비된다(화
살표) 그 결과, 왼쪽으
로 달리는 법랑소주(청
색)가 형성된다.

이 분비기分泌期에 놓여 있는 법랑아세포의 내부를 살펴보면 소포체와 골지체에 의해 만들어진 분비과립이 돌기의 끝 쪽으로 이동하여 세포 밖으로 분비된다(❻). 이때 분비물은 삼각형 돌기의 한쪽 면에서만 분비되기 때문에 법랑소주가 비스듬히 뻗어 있는 듯한 모습으로 형성된다. 분비되는 것은 부드러운 치즈 모양의 법랑기질(유기성분과 수분 70%, 무기질 30%)이지만, 얼마 지나지 않아 칼슘이 침착되면서 단단해진다. 법랑아세포는 기질基質을 분비하면서 그만큼 조금씩 후퇴해간다.

법랑질의 기질 형성이 끝나면 법랑아세포는 머리 부분의 돌기를 잃고 키도 작아진다. 그리고 성숙기로 접어든 법랑아세포는 오랜 기간에 걸쳐 법

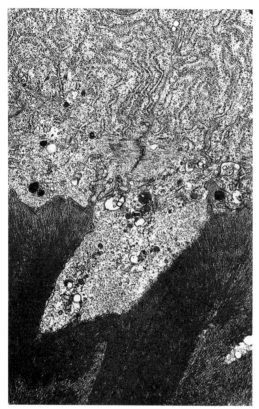

랑질에서 유기성분과 수분을 제거하고, 무기성분을 농축하여 애퍼타이트^{apatiteL}(인회석^{燐灰石})의 결정을 크게 성장시킨다. 즉 법랑아세포가 분비세포에서 흡수세포로 변신하는 것이다.

이런 식으로 석회화 현상이 매우 높은 법랑질이 형성되면 법랑아세포는 편평해지면서 수축된다. 이 얇은 법랑상피는 갓 형성된 치아의 법랑질 표층을 덮게 되며 이윽고 기계적인 자극에 의해 부서져버린다. 이는 보석 세공의 절삭 과정에 해당한

❽ 법랑아세포의 톰스돌기를 투과전자현미경으로 들여다본 사진. 돌기 안에 검은 분비과립이 보인다. 쥐. ×6500

다고 말할 수 있다. 따라서 법랑질은 일단 부서져버리면 두 번 다시 재생할 수 없다.

07 적신호는 절대로 놓치지 않는다

상아아세포

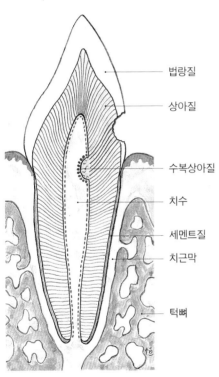

① 치아의 구조를 나타내는 모형도. 치수의 가장자리에 늘어서 있는 붉은 점은 휴면 중인 상아아세포. 오른쪽 위에 충치의 침식이 발생했기 때문에 거기에 대응하는 상아아세포가 활발하게 활동하면서 새로운 상아질(청색의 점들)을 만들고 있다.

법랑질

상아질

수복상아질

치수

세멘트질

치근막

턱뼈

치아라는 단단한 조직에서 가장 중요한 부분이 상아질이다. 법랑질이나 시멘트질이 없는 동물은 많이 볼 수 있지만, 상아질이 결여되어 있는 동물은 없다. 이 상아질에 둘러싸인 치수齒髓라는 부드럽고, 건드리면 통증을 느끼는 조직이 존재한다는 사실은 여러분도 잘 알고 있을 것이다. 그 치수의 표면에 상아질을 만드는 세포가 바로 상아아세포다(①).

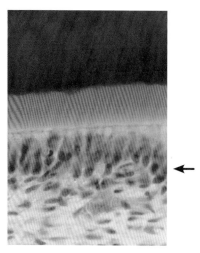

② 형성 중인 치아의 상아아세포(화살표). 그 위쪽의 핑크색 층은 갓 만들어져 석회화되지 않은 상아질. 붉은 층은 석회화 된 상아질. 사람.

치아가 만들어지고 있는 시기의 상아아세포(②)는 풍부한 조면 소포체와 커다란 골지체를 갖춘 성대한 분비세포로 상아질의 기초가 되는 물질(기질)을 대량으로 만들어낸다(③). 이 기질에 석회화(칼슘의 침착) 현상이 발생하여 단단한 상아질이 된다(②). 이렇게 해서 상아질의 층이 점차 두꺼워져도

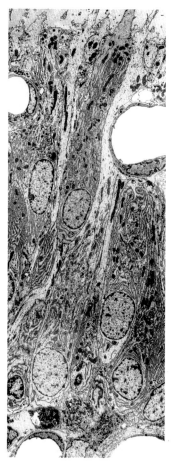

③ 형성 중인 치아의 상아아세포. 키가 큰 세포(노란색)와 작은 세포(핑크색)가 있는데 두 세포 모두 대량의 조면소포체를 가지고 있다. 쥐. ×1800

상아아세포는 한 개의 긴 돌기를 남기고 치수의 표층에 질서정연하게 머물러 있다.

상아질은 치수에서 법랑질까지 상아세관象牙細管이라는 터널에 의해 뚫려 있다. 상아세관은 17세기 네덜란드의 레벤후크Antony van Leeuwenhoek

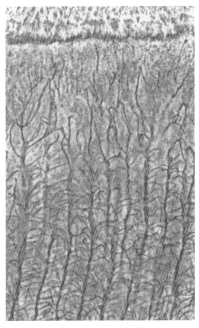

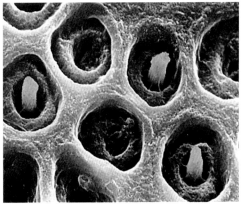

④ 왼쪽 : 사람의 상아질에 뻗어 있는 톰스섬유. 탈회표
본의 타이오닌 피크르산^{Thionine prcric酸} 염색.

⑤ 오른쪽 : 상아세관^{象牙細管} 안의 톰스섬유(핑크). 상아질
을 절단하여 주사전자현미경으로 들여다본 사진.
×3000

(1632~1723)가 발견했다. 영국의 치과의사 S. J. 톰스(1856)는 상아질을 갈
거나 부수어서 세관 안으로부터 섬유를 빼내어 그것이 상아아세포의 돌기
라는 사실을 간파했다. 현재 '톰스섬유^{Toms fider}'라고 불리는 이 세포돌기는
가지를 뻗어 이웃의 섬유와 연결(④)하여 의사소통을 주고 받는다.

치아가 완성되면 상아아세포는 치수 안에서 긴 잠에 빠진다. 그러나 충
치가 진행되거나 법랑질이 닳아 상아질에 침식 현상이 발생하면, 톰스섬유
로부터 위험정보가 전달되고 상아아세포는 잠에서 깨어나 상아질 안쪽에
새로운 상아질을 만들기 시작한다(①). 이렇게 해서 바깥쪽의 상아질이 손
상되는 양에 대응하여 안쪽에 새로운 상아질이 추가되면서 지아에 구멍이
생기는 결과를 방어하는 것이다.

치아가 빠지거나 충치가 진행되더라도 법랑질만이 손상되는 경우에는

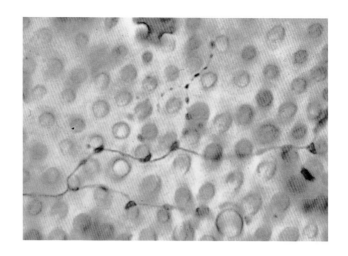

⑥ 왼쪽 : 상아아세포와 신경섬유(노란색)의 관계를 나타낸 그림.

⑦ 오른쪽 : 사람의 상아질에 분포되어 있는 신경섬유. 가로로 잘린 둥근 관 안에 톰스섬유가 있다. 신경은 그 사이를 달리는데 단추 모양으로 부풀어올라 톰스섬유와 접촉하고 있다

통증을 느끼지 않는데, 그 이유는 법랑질에는 신경이 전혀 없기 때문이다. 한편, 상아질(특히 법랑질과 상아질의 경계)에는 예민한 지각신경이 있다. 지각신경이라고 해도 모든 자극을 통각痛覺으로만 느낀다. 현미경으로 조사해보면, 상아질에 분포되어 있는 신경섬유는 상아질의 안쪽으로 진행되지 않고 0.1밀리미터 정도의 깊이에서 수평으로 가지를 뻗어 단추 모양으로 부풀어오른 뒤 톰스섬유와 접촉한다(⑥. ⑦). 상아아세포는 자극을 받으면 그 자극을 신경에 전달한다. 이른바 감각세포로서의 활동을 하고 있다고 표현할 수 있다. 니가타小林茂夫 그룹의 연구에 의하면 다양한 자극이 톰스섬유를 변환시키고 그 기계적인(압박이나 닳는 현상) 자극에 의해 신경의 말단부가 흥분하여 통증이 발생한다고 한다. 앞으로의 연구자 기대되는 영역이다.

08 유연하게 스크럼을 형성한다

수정체세포

눈을 카메라에 비유하면 렌즈에 해당하는 부분이 수정체다(①). 영어로는 둘 다 렌즈^{lens}라고 부른다. 실제로 수정체를 안구에서 적출해 보면 직경 1센티미터 정도의 약간 노란색깔을 띠고 있는 유리로 된 볼록렌즈처럼 보인다. 그러나 이 수정체에는 고무공 같은 탄력이 있어, 모양체^{毛樣體}의 근육

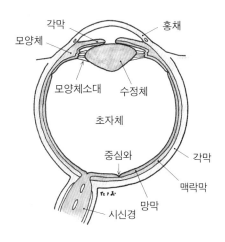

각막
모양체
홍채
모양체소대 수정체
초자체
중심와 각막
맥락막
망막 시신경

① 안구의 구조를 나타내는 모형도

❷ 수정체를 면도칼로 잘라서 그 단면을 주사전자현미경으로 들여다본 사진. 편평한 판 모양의 수정체 섬유(사실은 세포)가 겹쳐서 쌓여 있다. 생쥐. ×1500

에 의해 그 두께(굴절률)를 바꿀 수 있다는 것이 특징이다. 이 투명하고 탄력 있는 렌즈는 어떤 구조를 갖추고 있을까?

수정체의 단면을 현미경으로 관찰해 보면 양파처럼 층 모양의 구조를 이루고 있다는 사실을 확인할 수 있다(❷).

각각의 층은 수정체섬유라는 가느다란 끈으로 이루어져 있다. 이 섬유는 긴 것은 1센티미터 정도나 되지만 사실은 분명한 세포다. 즉 수정체는 세포가 빽빽하게 겹쳐서 모여 있는 세포의 집단인 것이다. 안구의 표면에 있는 각막은 수정체와 마찬가지로 투명하기는 하지만 콜라겐섬유가 주체를 이루고 있어 그 소재와 구조가 모두 다르다.

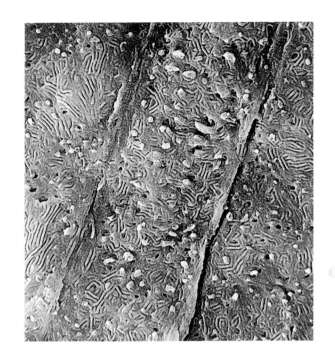

사람의 수정체섬유를 확대한 사진(주사전자현미경). 표면으로부터 작은 돌기들이 수없이 많이 나와 있다. 지문 같은 요철도 보인다. ×2700

수정체를 주사전자현미경으로 관찰해 보면 하나 하나의 수정체섬유는 편평하면서 각이 진 판으로 보인다. 그런데 더 자세히 살펴보면 각각의 섬유의 측면에서 작은 사마귀 같은 돌기들이 수없이 나와 있다는 사실을 알 수 있다. 이 돌기에 의해 이웃한 섬유끼리 서로 단단히 얽혀 있는 것이다(　).

그렇다면 위아래로 겹쳐져 있는 섬유의 관계는 어떤 것일까? 이 섬유에서는 작은 돌기나 움푹 패인 부분을 많이 볼 수 있는데(　), 돌기와 패인 부분은 마치 전구와 소켓 같은 관계로 서로 짝을 맞추듯 단단히 결합되어 있다. 즉 수정체섬유는 서로 돌기를 뻗어 스크럼을 짜는 것에 의해 이웃한 섬유와 떨어지거나 분리되지 않는 구조로 이루어져 있다.

이런 연구자 이루어지기 전에는 눈의 원근조절에서의 수정체의 두께 변

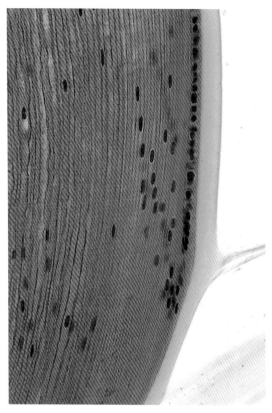

❹ 수정체 적도부를 광학전자현미경으로 들여다본 사진. 원숭이. HE.×140

화는, 수정체섬유가 서로 미끄러지면서 겹쳐지는 방식에 의해 이루어진다는 설이 있었다. 그러나 주사전자현미경 사진을 보면, 이 주장이 잘못되었다는 사실을 쉽게 확인할 수 있다. 아마 각각의 수정체섬유 자신이 어느 정도의 탄력을 가지고 있어, 외부의 힘(모양체 근의 작용)에 대응하여 섬유가 부분적으로 굵어지거나 가늘어지는 것에 의해 수정체에 탄성이 발생하여 두께를 변화시키는 것이라고 여겨진다. 그런데 수정체섬유는 어떤 식으로 양파의 껍질처럼 규칙적으로 늘어서 있는 것일까. 수정체의 앞 부분을 주의해서 관찰해 보면 수정체섬유 바로 위에 입방체의 세포가 한 줄로 늘어서 있다는 사실을 알 수 있다. 수정체상피라고 불리는 이 세포를 수정체의 적도부^{赤道部}(변연부^{邊緣部})를 향하여 관찰해 보면, 이윽고 키가 커지면서 가늘고 긴 수정체섬유로 이행되는 것을 볼 수 있다(❹). 이 적도부의 세포가 항상 분열을 일으키면서 수정체의 중심부를 향하여 새로운 섬유를 보내고 있는 것이다.

수정체는 이런 식으로 표면에서 분열과 증식을 되풀이하기 때문에, 낡은 세포는 점차 수정체 안에 묻히게 된다. 따라서 중심부에는 태아기 이후에 만들어진 세포들이 갇히게 되고, 이 세포들은 인체와 함께 나이를 먹으면서 점차 단단해져 수정체의 탄성을 저하시킨다. 이것이 바로 노안이다.

이렇게 노화가 진행되면 수정체의 세포 안의 화학구조가 변하거나 세포 자신의 성질이 변한다. 그 결과, 수정체섬유의 투명도가 떨어져 섬유의 배열이 흐트러지면 수정체가 하얗게 흐려지는 백내장에 걸린다. 이것은 중심부가 항상 새로운 것으로 분열되는 양파와는 정반대이며 구조적으로 피할 수 없는 현상이다.

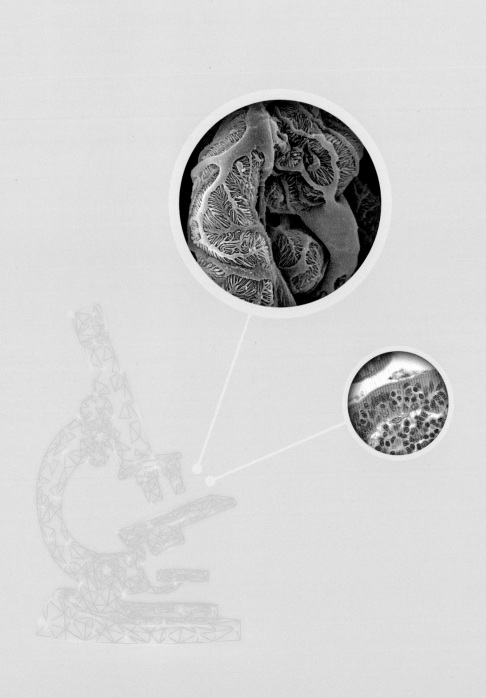

영지를 구분하는 담장

09 정상에서 기다리는 비극

소장 상피세포

음식물의 영양은 소장에서 흡수된다. 소장 점막 안쪽에는 융모라는 수많은 주름이 있는데(❶. ❷), 그것을 덮고 있는 상피세포가 영양을 흡수하는 주역을 담당한다.

상피세포는 키가 큰 육각기둥 모양의 세포로, 서로 위쪽 부분에서 단단하게 결합하여 장의 내강^{內腔}이라는 불결한 '외부세계'와 깨끗한 '내부세계'를 차단하고 있다(❸).

이 '장관^{腸管} 경계' 덕분에 커다

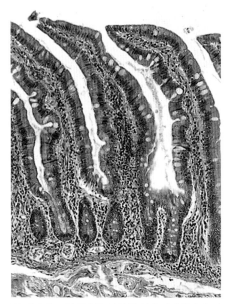

❶ 사람의 소장점막을 관찰한 광학전자현미경 사진. 긴 융모와 그 아래의 장샘^{crypt}이 보인다. HE. ×70

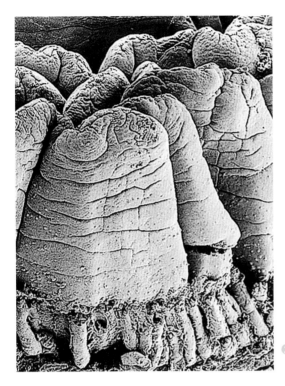

❷ 소장의 융모와 장샘을 측면에서 들여
다본 주사전자현미경 사진. 쥐. ×50

란 분자는 장에서 흡수되지 않는다. 미생물은 물론이고 수많은 독소나 알레르
기의 원인물질들도 차단당한다. 반면에 당뇨병환자에게 인슐린을 먹여도 이 경
계 때문에 몸 안으로 흡수되지 않는다.

상피세포의 윗면에는 섬세한 돌기(미세융모microvilli)가 빽빽하게 서 있다
(❸, ❹). 한때는 미세융모가 지렁이처럼 움직여 흡수를 돕는다는 주장도 있
었지만, 현재는 그 운동성이 부정되고 있다. 그렇다면 무엇 때문에 미세융
모로 이루어진 밀림이 존재하는 것일까.

도쿄 대학 명예교수이며 생리학사인 오시 다케시星猛 씨가 제기한 이론을
살펴보자. 단백질, 탄수화물, 지방 등의 영양물질은 모두 장의 내강에서 소
화, 분해되며 점차 작은 분자파편(다이머dimer나 모노머monomer)이 되는데, 이

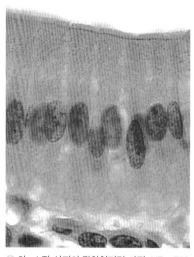

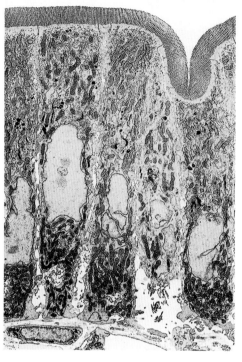

❸ 위: 소장 상피의 광학현미경 사진. HE. ×700

❹ 오른쪽: 소장 상피의 투과전자현미경 사진. 아랫부분에 미세융모의 층이 보인다. 쥐. ×2300

달콤한 즙을 빼앗기 위해 장내 세균이 만반의 준비를 갖추고 있다. 숙주로서, 최후의 분자 조각을 세균이 침입하지 못하는 미세융모의 숲 안에서 흡수해버린다는 전략을 세우고 있는 것이다. 물론 미세융모의 층은 세포의 영양을 흡수하는 한편으로 경계 지역을 수비해준다는 이점도 있다.

소장의 주된 기능인 영양분 흡수 시 미세융모는 그 흡수 면적을 넓혀주는 역할을 한다. 미세융모는 한 층의 상피세포로 덮여 있고 그 내부에 모세혈관과 림프관이 통하는데, 양분은 소장 상피를 통과한 후 모세혈관이나 림프관으로 이동하게 된다. 장관 내의 포도당과 아미노산은 상피 내로 흡수되어 반대쪽에서 조직액으로 보내지고 이것이 모세혈관으로 들어간다.

한편, 장관 내 지방이 분해되어 생긴 지방산과 글리세롤은 상피 내에서 지방으로 합성되어 조직액으로 보내진 뒤 림프관으로 들어가게 된다.

영양흡수에서 주역을 담당하는 세포의 수명은 놀라울 정도로 짧다. 소장 상피세포는 융모의 뿌리 부분의 움푹 패인 부분인 장막腸膜에서 줄기세포로부터 분열하여 탄생, 융모의 벽 위쪽으로 올라가 융모의 끝 부분에서 죽어가는데 생쥐의 경우에는 사흘, 사람도 닷새밖에 되지 않는 짧은 수명이다. 미세융모는 영양흡수라는 중요한 역할을 담당하고 있지만, 일찍 노화하기 때문에 길게 뻗어 흐트러져 버린다. 이런 모습으로 상피세포가 정상에 도달하면 그곳에서 살인자가 기다리고 있다.

모르모트의 소장을 이용하여 이런 과정을 연구한 니가타 대학 해부학 조교수였던 이와나가 도시히코岩永敏彦와 이와나가 히로미 부부에 의하면, 융모 상단의 상피 안에 살인자가 해당하는 림프구가 거주하면서 노화된 상피세포

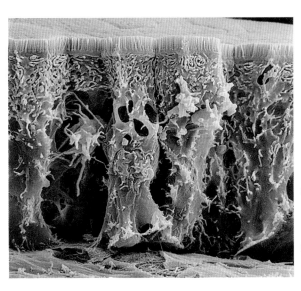

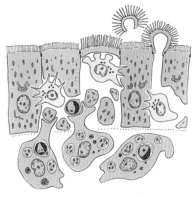

🔵 왼쪽: 소장 상피 안에서 활동하는 살인자 림프구(성색으로 착색). 주사진자현미경 사진. 모르모트. ×2700

🔵 오른쪽: 상피세포가 침식당하면서 상피의 경계가 유지되는 구조. 청색: 살인자 림프구 적색: 대식세포

를 날카로운 돌기로 찔러 과립에 감춘 독소(세포에 구멍을 뚫는 퍼포린)를 주입해 살해한다고 한다(⑤, ⑥). 상피 아래에는 수많은 대식세포(146p)가 대기하고 있다가 빈사 상태에 빠진 상피세포를 아래쪽에서부터 먹어치운다(⑥). 그 결과 상피세포는 상단 부분의 껍질과 경계 구조를 남기고 텅 빈 모습으로 변하게 되는데(⑧), 그러면 주변의 다른 세포들이 모여들고 죽은 세포는 떨어져 나간다. 그렇기 때문에 경계는 단 한 순간도 무너지지 않는다(⑦).

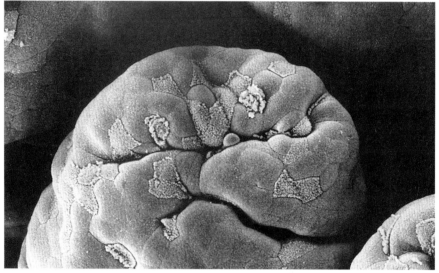

⑧ 위: 침식에 의해 속이 텅 빈 상피세포. 길게 뻗어 흐트러진 미세융모. 모르모트. ×4000

⑦ 오른쪽: 모 상단의 주사전자현미경 사진. 황색: 죽어가는 세포. ×2000

　이처럼 생체 안에서 진행되는 새로운 세포와 낡은 세포의 멋진 교대 현상을 관찰해 보면, 인간사회의 현실과 비교되어 저절로 한숨이 나온다.

10 이웃에 너그러운 창문

소장^{小腸} 아랫부분(회장^{回腸})에는 융모가 없고 작은 좁쌀 같은 집단이 도톰하게 부풀어 있는 특이한 모습을 군데군데에서 볼 수 있다. 파이어판^{Peyer's patch}이라고 불리는 집합림프소절은 수십 개의 림프소절이 모여 있는 것으로 세균이나 바이러스에 민감하게 반응하여 때로는 격심한 염증이나 괴사를 일으키기도 한다. 이 구조는 외부 세계로부터의 침입자나 유해물질을 인식하여 림프구나 항체를 만들어내는 '관문'이라고 말할 수 있다.

불과 몇십년 전만 해도 지구상의 수많은 사람들이 결핵으로 고통받았다. 폐에서 나온 가래를 삼켜 장이 결핵균에 감염돼 장결핵이라는 진단을 받으면 그야말로 죽은 목숨이었다. 결핵균이 파이어판을 통해서 침입하여 조직을 파괴하고, 장의 벽에 구멍을 뚫어버리기 때문이다.

건강한 장의 상피는 견고한 관문인 장관^{腸管} 경계를 만들어 작은 분자 이외에는 통과시키지 않는다. 그런데도 결핵균과 같은 유형의 물질이 파이어

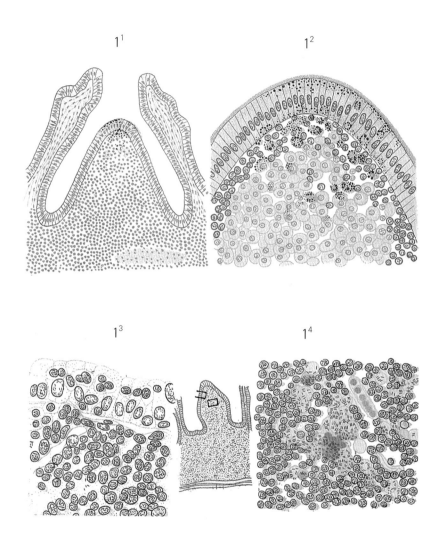

1^1 1^2

1^3 1^4

❶ 구마야가 오사카^{大阪}의학회 잡지에 발표한 논문에 실린 그림. 1^1, 1^2는 토끼의 장에 주입한 혈구분^{血球粉}이 맹장의 림프소절에 둘러싸인 모습(적혈구의 철성분을 청색으로 염색). 1^3은 장에 주입한 죽은 결핵균(적색으로 염색)도 맹장의 림프소절에 둘러싸인다는 사실을 나타낸다. 상피 안의 림프구에도 주의. 1^4는 소절^{小節} 안에 다량으로 모여 있는 균.

판을 통과할 수 있는 이유는 무엇일까? 일본의 다케오竹尾 결핵연구소에 근무하고 있던 구마야熊谷謙郎는 이 현상을 해명하기 위해 노력, 그 성과를 '형태적 성분의 장관흡수작용에 대하여'(1992)라는 논문에 실었다(①).

구마야는 토끼를 비롯한 동물들의 장에 카르민Karmin, 혈구분, 그리고 살아 있거나 죽어 있는 결핵균을 주입하여, 그것들이 반드시 파이어판(토끼의 경우에는 맹장과 충수에도)을 덮는 상피로부터 침입하며 그 밖의 장 점막으로는 절대로 흡수되는 일이 없다는 결론을 내렸다. 또 이 부분의 상피 안에 림프구가 모인다는 점도 기록하고 있

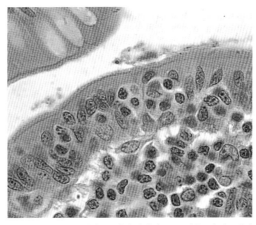

② 원숭이의 파이어판을 광학현미경으로 찍은 사진. 상피 안에 림프구의 집단이 보인다. HE. ×350

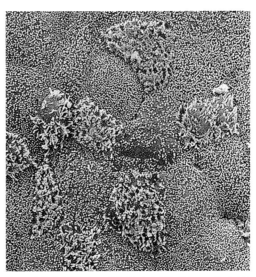

③ 토끼의 충수蟲垂의 표면을 주사전자현미경으로 들여다본 사진. 황색은 M세포의 머리. ×1000

다(①. ②). 최근 들어 파이어판을 덮는 상피에 특별한 세포가 모자이크 모양으로 섞여 있으며(③. ⑤), 이것이 세균을 통과시킨다는 사실이 밝혀졌다. 이 세포를 사람의 파이어판에서 발견한 사람은 샌프란시스코의 해부학자

이며 소화기내과의사이기도 한 로버트 오웬(1974)
이다(). M세포는 표면에 작은 주름^{microfold}이 있기
때문에 주름의 머리 글자를 딴 M세포라는 이름이
붙여졌다. 세포가 막^{membranous}처럼 얇기 때문에 M
세포라고 부른다는 설도 있지만 어느 쪽인지는 확
실하지 않다.

④ 로버트 오웬. 1990년에
촬영한 것.

그리고 M세포는 토끼 충수의 표면도 덮고 있다
는 사실이 밝혀졌다. 원래 토끼의 거대한 충수는 림
프소절이 모여 있는 물질이다.

오웬은 M세포가 아치 모양을 이루고 있으며, 그 공간 안에 림프구를 품
고 있다는 점(②), 그리고 이 림프구가 다시 아래쪽의 림프구 집단과 서로

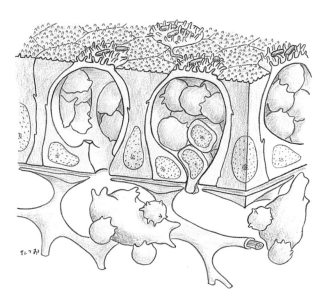

⑤ M세포(황색)와 림프구(청색)의 관계. 보라색 : 수상세포, 녹색 : 세망세포, 적색 : 세균

연결되어 있다는 점을 제시했다(❺). 놀랍게도 M세포의 표면은 파리를 잡는 끈끈이 종이 같은 성질을 가지고 있는데, 세균이나 바이러스가 접촉하면 세포 안으로 끌어들여 분해시키지 않고 그대로 M세포를 통과시킨다. 이것이 아래쪽 공간에서 대기하고 있는 림프구나 수상세포와 접촉할 수 있는 것이다.

이처럼 장 표면에서는 M세포만이 이물질이나 병원체에 대한 '너그러운 창문'을 가지고 있는데, 이 창문은 외부세계로부터 면역학적 정보(물질)를 받아들인다는 점에서는 바람직하지만, 결핵균 같은 침입자에게도 아무런 저항 없이 출입구를 열어주고 있다는 점에서는 이른바 '장의 급소'라고 할 수 있다.

11 자기 몸을 방패로 삼는다

표층 점액세포

몸 안에서 생산되는 염산은 무기질 '극약'이다. 이것은 위저선^{胃底腺, Fundic} ^{gland}의 벽세포^{壁細胞, Parietal cell}가 어마어마한 세포 내 공장을 사용하여 만들어낸다. 또 이 염산이라는 존재 아래에서 효력을 발휘하는 단백분해효소인 펩신이 주세포^{主細胞, Chief cell}라는 다른 세포로부터 분비된다.

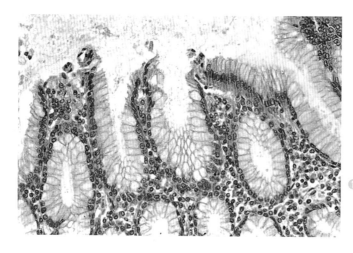

❶ 사람 위 점막의 생검^{生檢} 표본. 표층 점액세포가 밝게 빛나 보인다. ×300

이런 산이나 효소에 위 점막이 직접 닿는다면, 조직은 즉시 파괴되고 침식되어 궤양을 일으키고 위에는 구멍이 뚫릴 것이다. 하지만 위장 내부는 소화를 시키고 살균을 하기 위해 산성酸性이 필요하므로 이것은 생체의 딜레마라고 말할 수밖에 없다.

그렇다면 위 점막은 어떻게 염산과 펩신에 의해 소화되지 않고 이런 딜레마를 극복하고 있는 것일까. 그것은 위 점막을 보호하고 있는 두께가 수십 미크론인 특수한 점액(중성 뮤신mucin) 층 때문이다. 이 점액을 분비하는 것이 바로 표층 점액세포(❶)로 이 점액 층이 사라지면 궤양이 발생한다.

아마 체표면을 덮고 있는 표피를 제외하면 단일 타입의 세포가 이 정도로 넓은 영역을 뒤덮고 있는 예는 없을 것이다. 위소와를 비롯한 위장 내부 전체를 이 육각기둥 모양의 세포가 뒤덮고 있고 표층 점액세포는 상단 부분에서 서로 강력하게 결합되어 있다(❷).

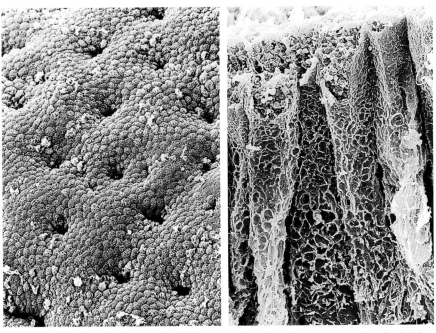

❷ 원숭이의 위장 안쪽을 주사전자현미경으로 들여다본 사진. 왼쪽: 안쪽에서 보이는 표층 점액세포. 어두운 구멍은 위소와胃小窩. Gastic pit. ×220 오른쪽: 표층 점액세포의 측면을 주사전자현미경으로 들여다본 사진. 위쪽에는 접착장치가 있기 때문에 파괴되어 있다. ×800

이 세포는 잡초처럼 번식력이 왕성하다. 위저선의 목 부분에서 세포분열을 하여, 위쪽으로 이동해서 표층세포가 된다. 그리고 불과 3~5일(생쥐, 쥐)을 살다가 아폽토시스^{apoptosis}(세포의 자살)에 빠진다. 앞에서 설명했듯 장腸상피세포의 전열이탈 방법은 기존에 알려져 있던 것처럼 단순한 '세포의 박리'가 아니라는 사실이 알려졌으므로 위장에도 세포의 죽음에 의해 상피관문上皮關門이 파괴되지 않도록 적절한 구조가 갖추어져 있을 것이다.

이런 풀뿌리 세포들의 배려도 무시하고 주인이 빈 속에 술을 마시면, 표층부의 세포는 꽤 넓은 범위에 걸쳐 떨어져나가 기저막이 드러난다. 그럴 경우 위소와에 남아 있는 세포들이 죽을 각오로 몸을 뻗치거나 증식을 하여 몇 시간만에 결손부분을 보수한다. 표층 점액세포를 예로 든다면, 알코올에 의한 상처는 하룻밤 잠을 자는 동안에 치유된다고 하니까 술고래들의 강력한 아군이 아닐 수 없다.

한편, 광학현미경을 사용할 경우에는 특수한 염색을 하지 않는 한 표층 점액세포의 분비물을 볼 수 없지만, 전자현미경으로는 석류씨 같은 과립이 세포 윗부분에 늘어서 있는 모습을 확인할 수 있다(❸). 이 과립을 주사전자현미경으로 살펴보면 적혈구 모양을 하고 있는 것이 많다(❹). 이 과립들은 오메가 모양의 문을 통해서 배출되는데(❺), 긴급한 경우나 노화세포인 경우에는 세포질이 통째로 흘러나간다.

최근 위궤양의 원인으로 알려진 헬리코박터 파이로리균$^{Helicobacter \ pylori菌}$(유문에 있는 나선형 균이라는 뜻)은 보통의 균은 엄두도 못 내는 산성이 강한 위장 안에 살면서 표층 점액세포를 파고들거나 잡아먹는다. 이 균은 특수한 대사계통에 의해 암모니아를 생산하고 알칼리성의 작은 환경을 만들어 경쟁이 없는 세계에서 살고 있는 얄미운 존재다.

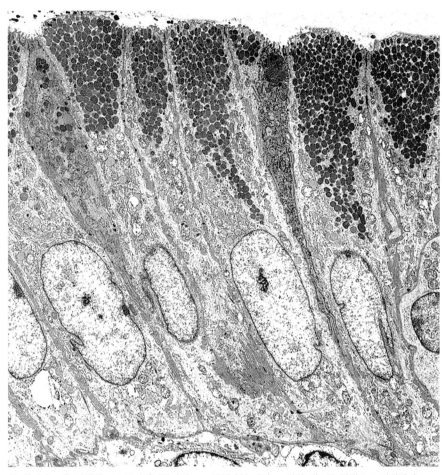

③ 생쥐의 표층 점액세포를 투과전자현미경으로 들여다본 사진. 노화한 세포를 청색으로 염색했다.
×1,500

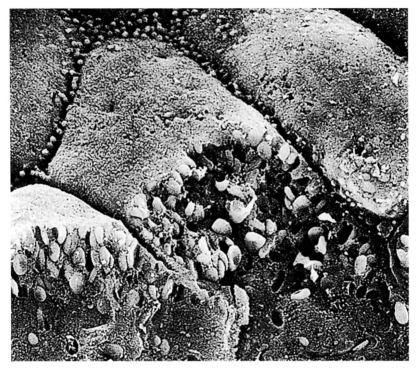

🍄 세포를 자른 단면에 나타난 점액과립을 주사전자현미경으로 본 것. 쥐의 위장. ×4200

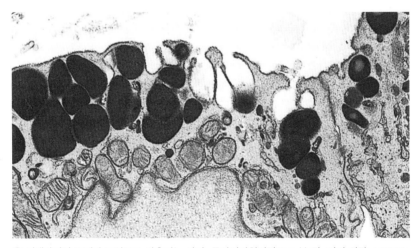

🍄 점액과립이 오메가 모양으로 방출되는 사진. 투과전자현미경으로 본 것. 쥐의 위장. ×8300

12 거품은 사라지지 않는다

주사전자현미경으로 폐의 단면을 보면, 기관지 끝에 폐포관^{肺胞管. Alveolar} duct이 뻗어 있고 그 벽에 폐포라는 작은 주머니가 늘어서 있어 마치 거품들이 모여 있는 집단처럼 보인다(①).

폐포를 더욱 확대해 보면, 공기가 통하는 폐포강과 혈액이 흐르는 모세

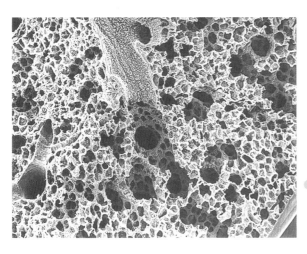

① 폐를 잘라 주사전자현미경으로 본 것. 기관지의 가지가 거품 모양의 폐포로 끝난다. 쥐. ×50

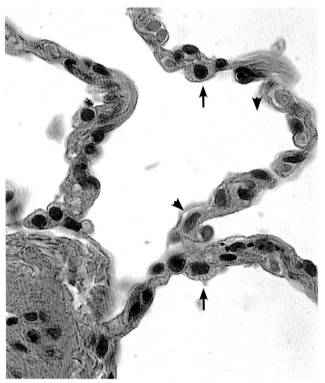

❷ 폐벽을 광학현미경으로 찍은 사진. 화살표가 두꺼운 Ⅱ형 상피세포.
삼각형표시가 편평한 Ⅰ형 상피세포. 인간. HE. ×670

혈관강이 두께 0.5미크론에도 미치지 않는 벽으로 차단되어 있다(❸). 이것을 '혈액공기관문^{血液空氣管門}'이라고 하며 가스 교환, 즉 산소와 탄산가스가 교환되는 장소다.

관문을 만드는 것은 혈관의 내피세포와 폐포의 상피세포, 그리고 두 세포 사이에 끼워져 있는 얇은 필터(기저막)다. 이 상피세포는 Ⅰ형 폐포 상피세포라고 불리며 매우 얇은 막을 이루고 있다. 광학현미경으로는 핵이 보이지 않기 때문에 독일의 조직학자 케리커는 이 세포에 '무핵판^{無核板}'이라

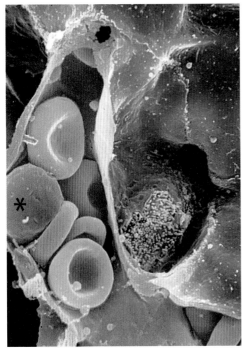

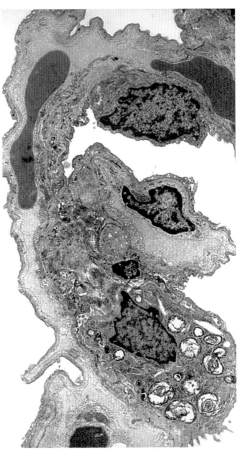

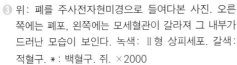
❸ 위: 폐를 주사전자현미경으로 들여다본 사진. 오른쪽에는 폐포, 왼쪽에는 모세혈관이 갈라져 그 내부가 드러난 모습이 보인다. 녹색: Ⅱ형 상피세포. 갈색: 적혈구. *: 백혈구. 쥐. ×2000

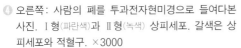
❹ 오른쪽: 사람의 폐를 투과전자현미경으로 들여다본 사진. Ⅰ형(파란색)과 Ⅱ형(녹색) 상피세포. 갈색은 상피세포와 적혈구. ×3000

는 이름을 붙였다(❷).

그런데 1950년대에 전자현미경이 등장하면서 사실은 핵이 있는 유핵판임이 밝혀졌다.

폐포는 그 표면을 직시는 물의 표면장력에 의해 비누거품이 줄어드는 깃처럼 찌그러지려 한다. 그런 현상을 방지하기 위해 폐포에는 표면활성제가 씌어져 있다. 1950년대에 폐 조직의 물리화학적인 연구에 의해 밝혀진 사

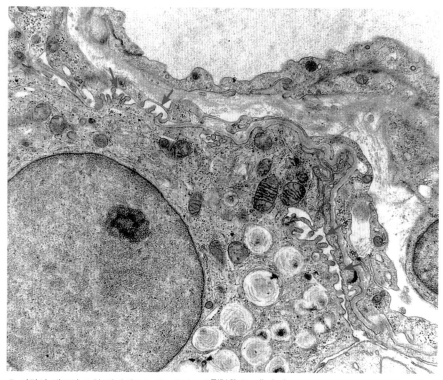

⑤ 사람의 폐포의 Ⅱ형 상피세포(녹색). 층판소체^{層板小體}, Lamella body(오른쪽 아래에 모여 있는것)와 손가락 모양의 돌기들의 집단(화살표)에 죽의. 갈색: 내피세포^{內皮細胞}. ×5000

실이다.

　신생아호흡궁박증후군^{新生兒呼吸窮迫症候群}, Respiratory distress syndrome, RDS이라는 난치병이 있다. 신생아, 특히 미숙아가 호흡곤란에 빠져 고통을 받다가 사망하는 질병이다. 1963년, 케네디 대통령의 셋째 아들이 RDS에 의해 생후 사흘만에 사망하면서 미국에서는 이 질병에 대한 관심이 높아졌고, 표면활성제 결핍이 원인이 아닌가 하는 관점에서 많은 연구자 이루어졌다. 그 결과 일본의 소아과의사인 후지하라^{藤原哲郎}가 송아지의 폐에서 다량의 폐포표면활성제(DPPC라는 일종의 인지질^{燐脂質})를 재취하여, 인공표면활성제를 만드는 데 성공했다.

표면활성제를 합성하고 분비하는 것은 Ⅱ형 폐포 상피세포인데 이것은 매우 두꺼운 세포다(❷, ❸). 표면활성제는 양파 모양의 층판소체^{層板小體}(❹)에 포함되어 있으며 폐포강으로 방출된다.

그렇다면 Ⅱ형 폐포 상피세포의 분비는 무엇에 의해 조절되는 것일까. 이 세포의 옆면이나 바닥면에서 갓난아기의 손가락 같은 작은 돌기가 나와 기저막으로 침입하거나 기저막을 뚫고 간질세포^{間質細胞}에 접촉한다. 일본의 호흡기학자인 에베다쓰오^{江部達夫}와 해부학자인 고바야시 시게루^{小林繁}는 이 작은 돌기가 폐포벽의 신전수용장치$^{伸展受容裝置, Stretch\ receptor}$를 이룬다고 생각하고 있다(1975). 폐포가 부풀어오르면 표면활성제의 분비가 억제되고, 줄어들면 분비가 촉진된다. 폐포 상피세포는 폐포가 부풀어오르고 줄어드는 정도를 작은 돌기로 감지하여 자신의 분비량을 조절하고 있다는 것이다.

덧붙여, 폐섬유증^{肺纖維症} 등에서 폐포가 줄어들고 부풀어오르지 않으면 Ⅱ형 세포가 증식하여 표면활성물질의 분비가 왕성해진다. 이는 부풀어오를 때 작용해야 할 브레이크가 망가졌기 때문이다.

13 부드럽게 감싼다

문어발세포

스위스 베른 대학의 해부학 교수인 짐메르만^{KW Zimmermann}(❶)은 특수한 은 염색을 사용하여 신장 사구체^{絲球體}의 상피세포와 혈관을 감싸고 있는 주피세포^{周皮細胞} 등 당시 알려지지 않았던 다양한 세포들의 생김새를 밝혀냈다.

❶ 짐메르만 (1861~1935)

❷ 고슴도치의 사구체 상피세포^{Z Mikr-Anat Forsch} (32: 175~278. 1933)

그러나 현미경 사진이 발달하지 못했던 때였기에 그가 그림으로 옮긴 세포들은 한결같이 상식에서 벗어난 기묘한 모양으로, 현미경의 분해 능력을 초월하는 미세한 돌기를 뻗치고 있었다. 때문에 짐메르만은 자신의 소견을 발표할 때마다 '말도 안 되는 소리'라는 반대의견에 부딪혔고, 결국 업적의 10분의 1도 인정받지 못한 상태에서 1935년 세상을 떠났다.

짐메르만이 그린 신장의 사구체 그림(❷)을 보면 검은색으로 진하게 물들여진 사구체의 상피세포가 모세혈관 쪽으로 양치식물의 잎 같은 묘한 돌기를 뻗고 있는 모습이 정밀하게 묘사되어 있다. 하지만 당시의 학계는 생체에 이런 톱니 같은 기계적인 패턴은 있을 수 없다며 전면적으로 부정했다.

수십 년의 세월이 흐른 지금, 우리는 주사전자현미경 덕분에 사구체 상피세포의 전체적인 모습을 볼 수 있게 되었다(❸. ❹). 덧붙여, 이 상피세포는 최근 '문어발세포'라고 불리는 경우가 많아졌다.

문어발세포는 헬멧 같은 세포체로부터 몇 개의 굵은 발이 나와 있다. 이발은 거듭 가지치기를 하는데, 그 끝에 '종족'이라고 불리는 가늘고 부드러운 돌기를 뻗어 양치 식물의 잎 같은 모습을 갖춘다. 그리고 종족은 반드시 다른 세포의 종족과 이웃해 있다(❹).

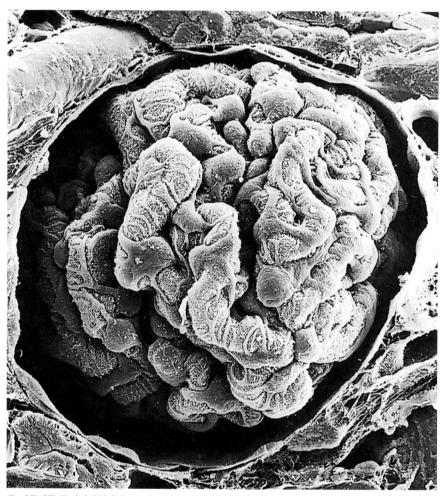

❸ 사구체를 주사전자현미경으로 들여다본 사진. 구불구불한 모세혈관과 그것을 감싸고 있는 문어발세포가 보인다. 쥐. ×480

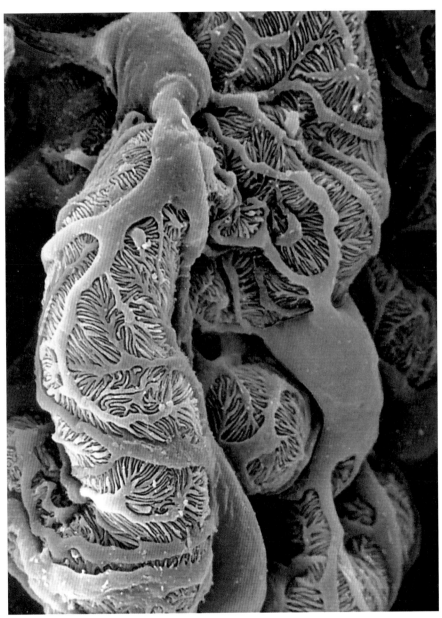

④ 모세혈관 위에 나타나 있는 문어발세포. 얽혀 있는 종족^{종족}으로부터 원뇨^{原尿}가 나온다. 복잡하게 얽혀 있는 몇 마리의 문어발세포 중에서 세 마리의 문어발을 염색해 보았다. 토끼. ×3500

사구체에서는 모세혈관의 벽을 투과하여 혈액으로부터 원뇨가 배출된다. 커피의 필터 역할을 담당하고 있는 이 여과막의 주체를 이루는 것이 바로 기저막으로, 문어발세포의 발과 혈관내피세포 사이에 끼워져 있다(⑤). 그리고 문어발세포 종족의 틈새에는 자신이 분비한 특수한 당질^{糖質}의 젤리가 채워져 있어 물질을 선택하여 여과하는 역할을 담당하고 있다.

한편 문어발세포의 돌기 안에는 미세한 섬유가 많이 있으며, 액틴^{actin}과 미오신^{myosin}도 존재하기 때문에 수축 능력이 있을 것이라고 여겨지고 있다. 모세혈관 위에 놓여 있는 '뱅어 같은 손가락'(종족)이 부드럽게 움직여 사구체여과막을 마사지하여 여과의 능률을 촉진시킨다는 추측이다.

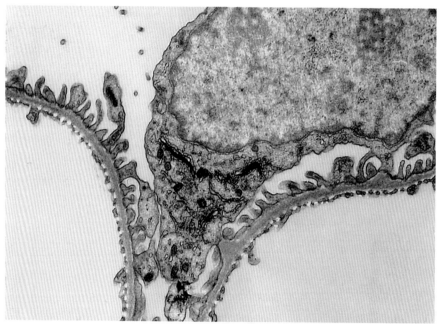

⑤ 문어발세포(녹색)와 사구체여과막을 투과전자현미경으로 들여다본 사진. 문어발의 종족과 혈관내피(점처럼 흩어져 창문을 가지고 있다)가 기저막을 에워싸고 있다. 핑크 영역에는 혈액이, 블루 영역에는 원뇨가 있다. 생 쥐. ×11000

14 프릴로 장식된 구조

신장의 사구체는 하루에 170~200리터라는 대량의 원뇨를 만든다. 그런데 실제로 체외로 배설되는 소변의 양은 하루에 2리터 정도로, 원뇨에 포함되어 있는 99%의 물은 어떤 방법으로든 체내에 다시 흡수되어야 한다. 또 사구체에서 발생하는 혈액의 여과는 비교적 단순하고 물리적인 것이기 때문에 원뇨 안에는 몸에 필요한 식염이나 포도당, 아미노산 등이 많이 포함되어 있다. 따라서 이것들을 다시 체내로 흡수해야 할 필요가 있는데, 이런 재흡수를 담당하는 것이 사구체에 연결되어 있는 요세관尿細管이라는 관이다.

한 개의 요세관은 놀라울 정도로 길어서 사구체 하나에 연결되어 있는 관의 길이가 10~20센티미터나 된다. 신장 안에서 요세관이 주행하는 방법도 독특해 사구체 근처에서 구불구불하게 똬리를 튼 이후에, 신장의 깊은 부분을 향하여 머리핀 모양의 올가미를 만들어 다시 원래의 사구체 근처로 돌아와 똬리를 튼다. 각각의 부분을 '근위곡부', '헨레의 올가미', '원위곡부'

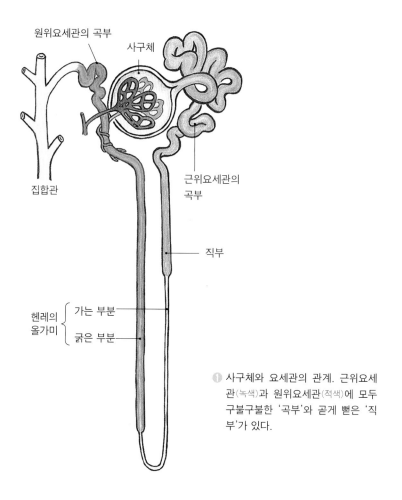

원위요세관의 곡부

사구체

집합관

근위요세관의
곡부

직부

헨레의
올가미 { 가는 부분

굵은 부분

❶ 사구체와 요세관의 관계. 근위요세
관(녹색)과 원위요세관(적색)에 모두
구불구불한 '곡부'와 곧게 뻗은 '직
부'가 있다.

라고 구별하는데, 이것은 단순히 그 주행방법이 다르기 때문만이 아니라 요
세관의 벽을 만드는 세포의 모습이나 기능도 각각 다르기 때문이다(❶).

이 중에서 근위곡부와 원위곡부는 비교적 비슷한 구조를 이루고 있으며
세포 아래쪽(기저부)이 큰 주름을 만들어 이웃한 세포와 얽혀 있다. 이 부분
을 주사전자현미경으로 보면, 복잡하게 접힌 스커트의 주름처럼 보인다(❷,
❸). 그리고 주름이 얽혀 있는 부분을 투과전자현미경으로 보면 수많은 미
토콘드리아가 세포막을 따라 늘어서 있는 모습이 인상적이다(❹). 세포의

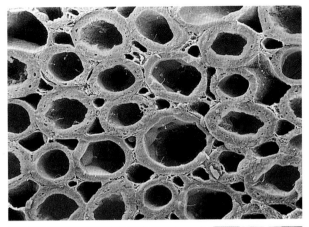

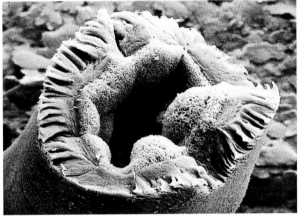

❷ 첫 번째: 요세관 다발의 횡
단면. 요세관 각 부분과 색
깔의 관계는 ❶과 마찬가
지. 토끼. ×350

두 번째: 근위곡부를 세포
단계로 분리하여 열어본 것.
쥐. ×1200

세 번째: 근위곡부의 세포를
비스듬히 아래쪽으로 본 것.
쥐. ×5000

모두 주사전자현미경 사진

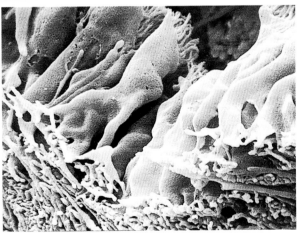

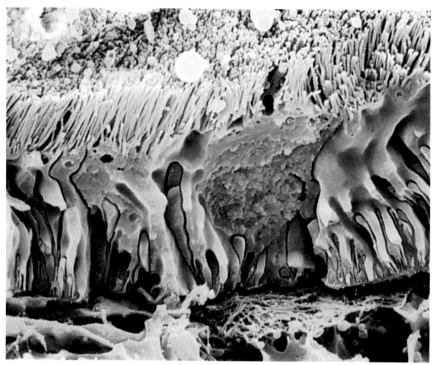

❸ 주사전자현미경을 사용하여 근위곡부를 비스듬히 위쪽에서 본 모습. 화면에 네 개 정도의 세포가 보이는데 서로 복잡하게 얽혀 있기 때문에 경계가 뚜렷하지 않다. 쥐. ×3900

머리 부분에는 미세융모가 있는데, 이것은 근위요세관에서는 길게 밀집하고 있는 데 비해(❸) 원위요세관에서는 짧게 흩어져 있다.

이런 세포 표면의 주름이나 미세융모의 발달 정도는 뇨 세관세포의 활동 정도를 잘 반영하고 있다. 예를 들면, 주름과 미세융모가 모두 잘 발달한 근위곡부에서는 수분과 식염이 대량으로 재흡수됨과 동시에 포도당이나 아미노산도 선택적이고 능동적으로 재흡수된다. 이 중에서 당[糖]을 재흡수하는 역할에는 '당 운송업자'라고 부를 수 있는 막단백질의 존재가 알려져 있다. 일본의 군마[群馬] 대학 교수인 다카다 구니아키[高田邦昭] 연구팀은 이 단백

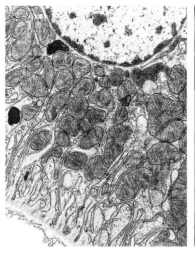 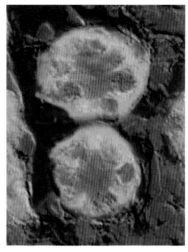

④ 원위곡부를 투과전자현미경으로 들여다 본 사진. 세포 아래에 섬세하게 째인 자 국과 미토콘드리아의 밀집 상태를 잘 보 여준다. 위쪽에는 핵. 쥐. ×10000

⑤ 근위곡부의 '포도당 수송업자'를 항체를 이용하여 염색했다. 적색: SGLT1, 녹 색: GLUT1, 청색: 핵. 쥐의 근위곡부

질(포도당 수송자^{glucose transporter})의 소재에 대해 자세히 조사했는데 근위곡 부의 뇨 세관세포의 경우를 예로 들면, 미세융모와 기저주름 양쪽에 각각 분자 타입이 다른 수송자가 있다고 한다(⑤). 미세융모의 표면에 있는 것은 소장 상피^{小腸上皮}의 미세융모에 있는 것과 같은 수송업자^{SGLT1}로, 에너지만 있으면 나트륨과 함께 당을 한 방울도 남기지 않고 세포 안으로 능동적으 로 흡수할 수 있다. 한편, 세포의 측면이나 기저주름에 있는 수송업자는 세 포 안팎의 농도에 대응하여 당을 덜어낼 수 있다.

이처럼 다른 수송업자에 해당하는 단백질들이 세포 표면에 교묘하게 배 치되는 것에 의해, 근위곡부의 뇨 세관세포는 미세융모로 배치되는 것에 의해, 근위곡부의 뇨 세관세포는 미세융모로 당을 확실하게 흡수하여 기저 부를 통해서 혈류로 당을 되돌릴 수 있는 것이다.

15 젊은이들에게 밀려나는 불행함

각질세포

피부 표면은 세포로 형성된 옷에 덮여 있어 외부세계의 다양한 자극으로부터 몸을 지킨다. 일반적으로 '표피'라고 불리는 이 옷은 상피세포가 돌담처럼 몇 층으로 겹쳐져 이루어진다(❶). 이들 세포 층은 심층부에서부터 기저층基底層, Stratum basale, 유극층有棘層, Stratum spinusum, 과립층果粒層, Stratum granulosum, 각질층으로 불리는데, 이 층들은 각화세포라는 한 종류의 세포가 표층으로 이동하면서 늙어가는 변화가 각각의 장소에 나타나는 것에 지나지 않는다. 즉 세포분열을 일으키는 것은 기저층의 각질세포인데, 분열을 한 이 세포가 밀려 올라가면서 점차 모양이 바뀌어 마지막에는 편평한 죽은 세포가 되어 떨어져 나가는 것이다.

한편 기저층의 각질세포는 결합조직에 발을 붙이고 있는 세포로, 광학현미경으로 보면 세포질에 갈색의 과립이 채워져 있다(❷). 멜라닌 색소로 이루어진 이 과립은 기저층에 존재하는 멜라노사이트melanocyte라는 다른 세포

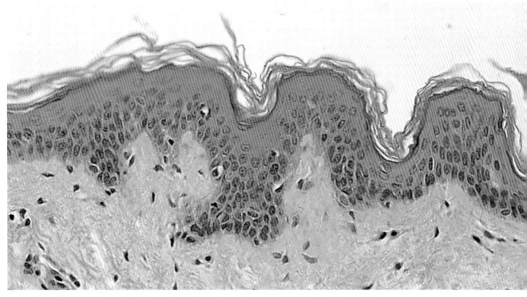

❶ 피부를 광학현미경으로 들여다본 사진. 붉은 층이 표피. 그 기저층에는 갈색의 멜라닌이 보인다. 사람의 겨드랑이 아래의 피부. HE. ×190

로부터 받은 것으로 그 양이 피부의 색깔을 결정한다. 멜라닌과립이 적으면 피부는 백색, 중간 정도이면 황색, 많으면 흑색으로 보인다. 색소의 양은 색소 멜라노사이트의 능력에 의존하는데, 이 세포가 멜라닌을 많이 만들면 각질세포로도 많은 과립이 건너간다. 멜라닌색소는 자외선을 흡수하기 때문에 DNA합성 활동이 왕성한 기저층 세포의 핵은 멜라닌과립이라는 파라솔로 보호되고 그 결과, 자외선에 의한 피부암 발생이 예방되는 것이다.

한편 기저층 상부의 유극층을 광학현미경으로 보면, 이름대로 세포가 기시를 뻗어 서로 손을 맞잡고 있는 것처럼 보인다(❷). 이 층 전체가 한 개의 커다란 세포로 이루어져 있다고 여겨졌던 적도 있지만 실제로는 각 세포가

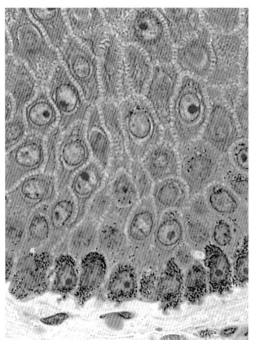

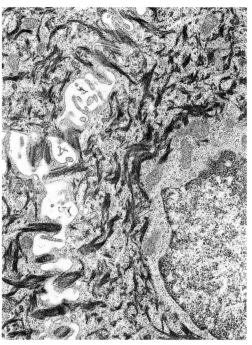

❷ 원숭이의 손가락 표피를 확대한 사진. 기저층의 각질세 포는 멜라닌과립이 사람보다 많다. HE. ×700

❸ 유극층의 투과전자현미경 사진. 세포가 가시를 뻗어 데 스모좀desmosome에 의해 연결되어 있다. 장張 필라멘트 filament가 검게 보인다. 사람. ×4000

다수의 돌기를 가시 모양으로 뻗어 이웃해 있는 세포의 돌기와 특별한 접착장치(데스모좀)에 의해 연결되어 있다. 세포 안에는 장력張力을 견디기 위한 섬유(장 필라멘트) 다발이 종횡으로 달리고 있다(❸). 각질세포가 성숙해짐에 따라 섬유 주위에 과립이 나타나고, 그것이 케라틴keratin이라는 단백질이 되어 세포 안에 가득 채워진다. 케라틴은 사람의 손톱이나 소의 뿔을 이루는 주성분으로 물에 녹지 않는 단단하고 튼튼한 단백질이다. 이렇게 해서, 세포 안의 핵도 사라지고 케라틴으로 가득 찬 편평한 세포 조각이 되는데, 이런 현상을 '각화角化'라고 한다.

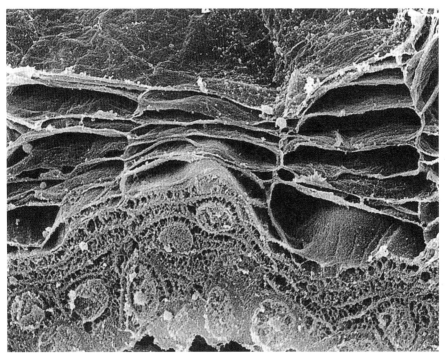

④ 알칼리를 사용하여 팽화(탄성이 있는 겔Gel이 액체를 흡수하여 부피가 늘어나는 현상)시킨 표피의 주사전자
현미경 사진. 각질세포의 주상배열을 잘 알 수 있다. 쥐의 입술 피부. ×900

표층이 각화된 세포는 일반적인 얇은 피부에서는 동전을 쌓아 놓은 것
같은 기둥모양의 배열(주상배열)을 이루며, 층이 그다지 두껍지 않다. 또 그
표면은 파이처럼 매끈하다(④).

그러나 손바닥과 발바닥의 피부에서는 각화된 각질세포의 층(각질층)이
매우 두껍기 때문에, 세포가 주상배열을 이루지 못하고 낙엽을 겹쳐서 깔
이놓은 것처럼 어지럽게 늘어서 있다. 이때 세포는 각화되너라노 아식은
다면체 모양을 갖추고 있다(⑤). 주사전자현미경으로 확대해 보면, 세포 아
래쪽에 비늘조각 모양의 돌기가 밀집해 있고 그와 대면하는 세포의 위쪽에

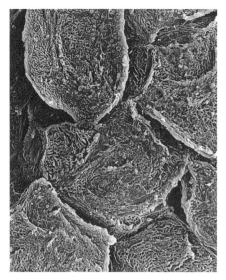

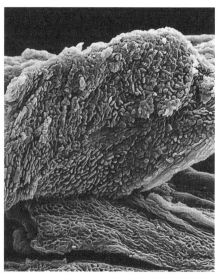

❺ 사람(두 살 반)의 발뒤꿈치의 표면. 세포는 낙엽을 깔아 놓은 것처럼 보인다. 세포 표면에 섬세한 구덩이가 있다. ×800

❻ 사람의 발뒤꿈치의 각화세포가 벗겨지고 있다. 세포 아래쪽에 비늘 모양의 돌기가 밀집되어 있고 아래에 있는 세포의 위쪽에는 그에 대응하는 웅덩이가 있다. ×2300

는 이 돌기가 들어갈 수 있는 웅덩이들이 보인다(❻). 이처럼 세포끼리 돌기와 웅덩이로 정교하게 짜맞추어져 외부 압력에 의해 세포가 서로 밀려나가는 현상을 막을 수 있다. 이는 손가락 끝이나 발바닥처럼 힘이 많이 들어가는 부분에서만 볼 수 있는, 그야말로 조화의 묘미라고 말할 수 있다.

　기저세포가 분열하여 각화된 편평한 세포가 되기까지 약 14일, 표면으로 이동하여 떨어져나갈 때까지 다시 14일 정도가 걸리므로 각질세포는 약 한 달마다 새로운 옷을 만드는 것이다.

16 리듬은 싱크로나이즈드 스위밍

섬모세포

　기관이나 기관지^{氣管枝}의 안쪽 부분을 주사전자현미경으로 보면, 바다 속의 말미잘들처럼 가늘고 긴 돌기를 흔들고 있는 아름다운 세포들을 볼 수 있다. 이 머리카락 같은 돌기는 '섬모^{纖毛}'이며, 섬모를 만들언내는 세포를 '섬모세포'라고 한다(❶, ❷). 그리고 한 개의 섬모세포의 머리에는 200~250 가닥의 섬모가 뻗어 있다.

　섬모세포의 섬모는 살아 있는 육체 안에서는 항상 물결치듯 움직인다. 예를 들어 개구리 구개^{口蓋}의 표면을 약간 떼어내어 바늘로 긁은 다음 현미경으로 관찰하면, 섬모가 열심히 움직이는 모습을 볼 수 있다. 그것은 들판에 부는 한 줄기 바람에 의해 갈대들이 도미노가 쓰러지듯 흔들리는 모습과 비슷하나. 또 수많은 섬모세포가 리드미컬하게 집난을 이무번서 섬모를 흔들어대는 모습은 화려한 싱크로나이즈드 스위밍을 보고 있는 것 같기도 하다.

① 기관지의 섬모세포를 주사전자현미경으로 들여다본 사진. 쥐. ×2000

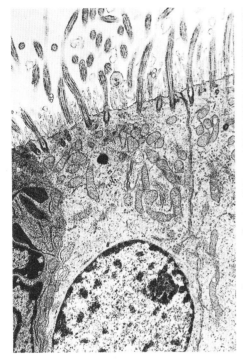

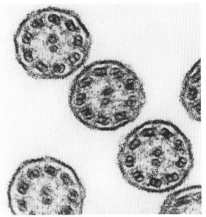

❷ 왼쪽: 섬모세포를 투과전자현미경으로 들여
다본 사진. 섬모 사이에 미세융모도 보인다.
쥐. ×3500

❸ 오른쪽: 섬모를 고리 모양으로 자른 것. 미세
관이 연근의 구멍처럼 늘어서 있다. 쥐.
×55000

    섬모를 고리처럼 잘라 투과전자현미경으로 보면 연근의 구멍 같은 모양
이 나타난다(❸). 이것은 섬모의 중심에 정해진 수의 미세관이 늘어서 있기
때문인데, 섬모의 줄기에 해당하는 부분은 어느 곳을 잘라도 이런 구조를
갖추고 있다. 즉 중심부에 두 개의 미세관(중심세관中心細管)이 있고, 그 주위를
두 개가 한 쌍을 이루는 주변세관周邊細管이 아홉 쌍을 이루어 둘러싸고 있다.
주변세관의 한쪽 가장자리에는 점점이 모터단백질dynein이 붙어 있고, 그 단
백질의 머리 부분은 이웃해 있는 주변세관의 반대쪽 가장자리로 밀려나 있
다. ATPadenosine triphosphate가 존재하면 이 다이닌의 머리가 일정한 방향으
로 미끄러져 나가는데, 여기에 이끌리듯 주변세관이 철사처럼 구부러지면
서 섬모의 운동이 발생한다(❸).

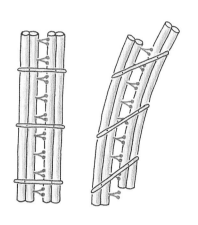
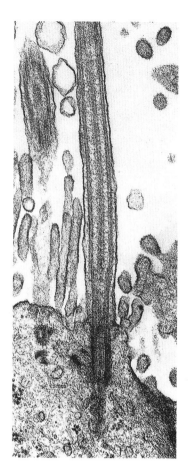

❹ 왼쪽 : 섬모 운동의 구조를 나타내는 모형도
❺ 오른쪽 : 섬모의 횡단면을 투과전자현미경으로 들여다
  본 사진. 가는 것은 미세융모. 쥐의 기관지. ×32000

섬모의 근원에는 섬모의 미세관을 고정하는 장치가 발달해 있다. '기저
소체基底小體'라고 불리는 섬모의 뿌리는 중심체와 비슷한 토관土管 같은 구조
로 이루어져 있다. 마치 격렬하게 움직이는 섬모가 빠져나가지 않게, 다양
한 단백질 끈으로 세포 안을 묶어 놓은 것 같다(❺).

한편, 기저소체는 섬모를 만들어내는 장치이기도 하다. 원래 기저소체는
중심체에서 만들어지는 것으로, 섬모가 만들어지고 있는 세포에서는 중심
체가 선인장처럼 옆에서 싹을 뻗어 중심체를 수없이 복제한다. 이것이 세

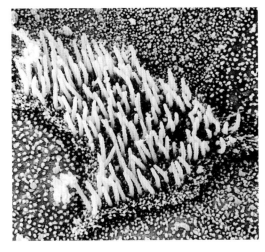

❻ 섬모가 자라고 있는 젊은 세포를 주사
전자현미경으로 들여다본 사진. 쥐의
기관지. ×32000

포의 정상 근처로 이동하여 세포 표면에 긴 축을 수직으로 늘어 세우면 기저소체가 되며, 그곳에서 미세관이 뻗어 나와 섬모가 만들어진다.

기도의 섬모세포는 분비세포^{分泌細胞}와 함께 기관이나 기관지의 안쪽 면을 덮고 있으며, 섬모는 분비세포가 분비한 점액의 층 안에 묻혀져 있다. 섬모는 폐 쪽에서 목(인후)을 향하여 파도치듯 움직이고 있기 때문에, 기관의 안쪽 면을 덮는 점액은 이 섬모의 운동을 타고 목까지 밀려나간다. 이렇게 해서 기관이나 기관지에서 폐로 들어온 먼지는 점액에 붙잡혀 섬모의 힘에 의해 배출되는 것이다.

섬모를 가진 세포는 기도뿐 아니라 몸 안 이곳저곳에 존재한다. 뇌실^{腦室}의 표면을 덮고 있는 세포도 섬모를 가지고 있으며, 난관^{卵管}의 벽에도 섬모세포가 풍부하게 존재한다. 사실 섬모 그 자체는 다양한 세포에서 볼 수 있는데, 정자의 꼬리도 한 개의 섬모로 이루어진 것이다. 연못에 살고 있는 짚신벌레의 경우에는 몸 전체가 섬모로 덮여 있다. 그런 점에서 보면, 우리의 몸에 존재하는 섬모는 원시시대 세포의 유산이라고 말할 수 있다.

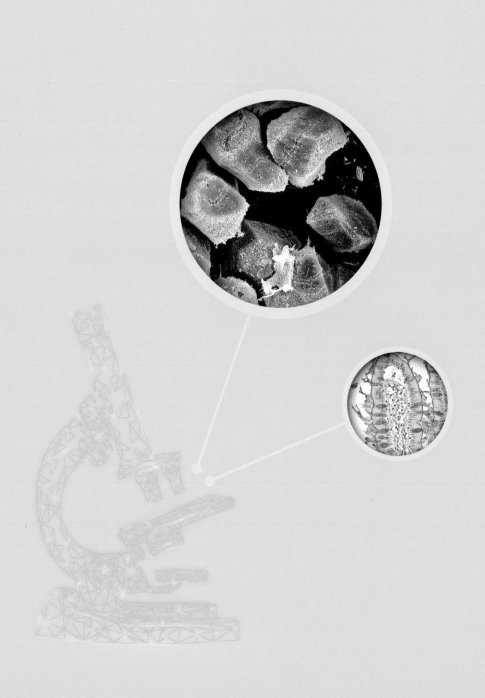

총 가동되는 가내공장

17 수염으로 뒤덮인 사각형의 얼굴

간세포

음식점에서 돼지의 간을 주문하면 가끔 표면에 육각형(때로는 오각형)의 작은 돌기가 보일 때가 있다(❶). 이것이 간장이라는 장기의 구성단위인 '간소엽^{肝小葉, Liver lobule}'이다. 단, 이 간소엽은 돼지의 간에서만 볼 수 있다. 그 이유는 간소엽을 나누는 결합조직이 돼지의 간에서만 뚜렷하게 발달해 있기 때문이다.

❶ 돼지의 간을 꼬치 구이로 만든 것. 불에 구우면 간소엽이 뚜렷하게 보인다.

이보다 더 자세한 내용은 현미경을 이용해야 확인할 수 있는데, 간소엽 중앙의 '중심정맥'으로부터 포물선 모양의 세포가 늘어서 있는 것이 간세포다(❸). 2차원의 조직 절편을 거듭 관찰하여 간세포의 3차원적 배열을 밝힌 사람은 독일에서 태어나 미국에서 활약한 해부학자 한스 엘

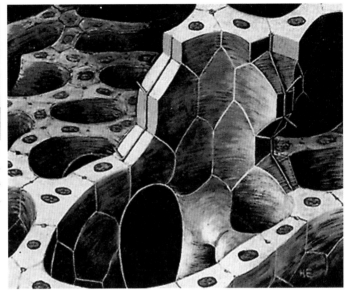

② 한스 엘리어스Elias H(1907
~1985)와 그가 주장한
간세포의 입체배열 Elias
H and Sherrick of theliver,
Academic Press(1969)

리어스(1949)다(②). 당시에는 한 줄로 늘어선 간세포가 두 개의 나무젓가

락을 합친 듯한 모습으로 서로 마주보고 있고 모세담관毛細膽管(담즙을 운반하

는 작은 관)을 감싸고 있다고 여겨졌는데, 엘리어스는 한 층의 간세포로 구

성된 판 안에 모세담관의 그물이 펼쳐져 있다고 생각했다.

지금은 주사전자현미경을 사용해서 간세포의 판을 입체적으로 확인할

수 있다(④). 한 장씩 따로 구분된 간세포의 판이 있고 그 단면(세포 사이)에

모세담관이 있다. 이 판은 복잡하게 서로 맞물려, 미로 모양의 모세혈관을

수용하고 있다. 간세포와 모세혈관 사이에는 틈이 있는데 디세강腔. Disse's

space(197p 참조)이라고 불린다.

한편, 간세포의 활동은 매우 나양해서 지방을 소화하는 데에 중요한 역

할을 하는 담즙을 '외분비'하는 한편, 글리코겐의 저장과 분해를 담당하며

혈액의 단백질(알부민 등)을 비롯하여 간세포에서만 생산되는 생체의 소재

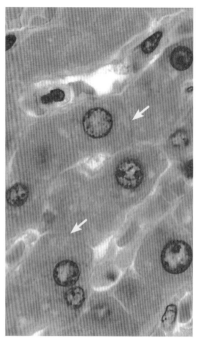

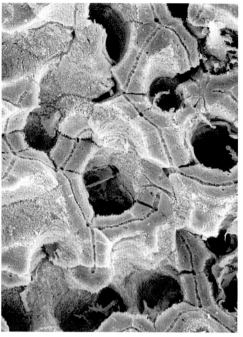

❸ 간소엽 일부를 광학현미경으로 들여다본 사진. 간세포의 판 사이에 적혈구가 들어 있는 모세혈관이 있다. 화살표는 모세담관. 사람. HE. ×450

❹ 간세포의 판을 주사전자현미경으로 들여다본 사진. 간세포끼리 접해 있는 면에 모세담관이 있다. 혈액으로 향하는 털이 많은 면을 갈색으로 착색. 쥐. ×700

나 조절물질을 혈액으로 '내분비'한다. 또 분해효소를 이용하여 유독물질을 해독하기도 한다. 주인이 들이킨 알코올을 분해하는 것도 간세포의 역할이다.

이런 다양한 활동을 상징하듯 간세포는 다면체를 이루고 있다(❹). 그리고 털도 많아 미세융모가 무성하다(❹. ❺). 미세융모는 간세포가 모세혈관으로 향하는 면에서 자라 디세강 쪽으로 뻗어 있다(❻).

털이 자라 있지 않은 부분은 이웃 세포와 마주보는 면으로, 이곳은 편평하고 매끄럽다. 이 면의 중앙을 운하처럼 달리는 것이 모세담관이다

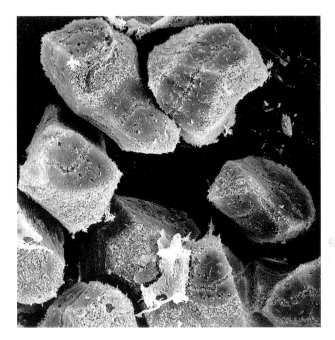

⑤ 간소엽을 부수어서 한 개씩 분리한 간세포. 디세강으로 향하는 면을 갈색으로 착색. 이웃한 세포와 접해 있던 면(회색)에 모세담관이 보인다. 쥐. ×1100

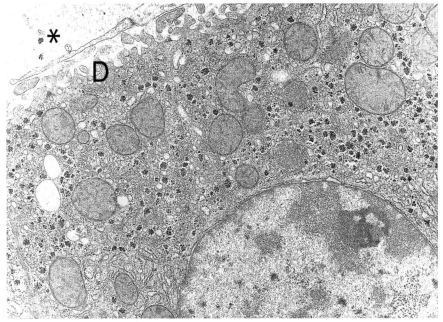

⑥ 간세포를 투과전자현미경으로 들여다본 사진. 왼쪽 위에 모세혈관(*)과 디세강(D)이 보인다. 디세강 쪽으로 미세융모를 뻗치고 있는 간세포는 세포질에 글리코겐(검은 점)을 다량 함유하고 있다. 토끼. ×11500

(④, ⑤). 운하의 안쪽 면에는 짧은 미세융모가 보인다. 간세포로부터 방출된 담즙이 이곳에 모이면 담관을 타고 흘러가 담낭에서 농축된 뒤에 소화액으로서 소장으로 들어간다.

간장을 모두 제거하면 주인(장기를 가지고 있는 몸)은 죽을 수밖에 없다. 하지만 10%라고 남아 있으면 주인은 살아남을 수 있다. 잔존하는 간세포는 분열, 증식하여 커다란 간장을 만들 수 있기 때문이다. 그리고 정확하게 어떤 크기에 이르면 세포증식이 멈춘다. 이것은 이식을 한 간장의 경우에도 마찬가지다. 따라서 간세포는 왕성한 재생력과 정밀한 자기억제능력을 겸비한 우수한 세포라고 말할 수 있다.

18 오직 음식의 맛을 즐긴다

췌 선방세포

이자는 예로부터 kallicreas라는 별명으로 불렸는데, 이것은 '맛있는 고기'를 의미한다. 이 별명을 보면 유럽에는 맛있는 이자요리가 있을 법 하지만 실제로는 그런 요리를 보기 어렵다. 그래서 어떤 프랑스요리 전문점에 부탁하여 이자요리에 관한 연구를 겸한 '이자를 먹는 모임'을 개최했다. 접

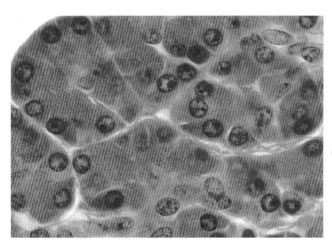

❶ 이자를 광학현미경으로 늘여나본 사진. 둥근 세포집단이 선방腺房. 안쪽에 붉은 분비과립이 채워져 있다. 사람. HE. ×450

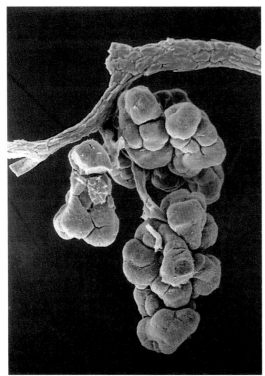
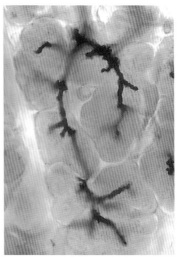

❷ 왼쪽: 이자의 '포도송이'를 미세하게 해부하여 주사전자현미경으로 들여다 본 사진. ×330

오른쪽: 골지 은 염색으로 선방과 도관導管 계열의 내강內腔을 염색했다. ×330. 양쪽 모두 쥐.

시 위에 놓인 돼지와 소의 이자는 도자기처럼 하얗고 툭 끊어지는 감각이 기분 좋게 느껴졌다. 맛은 담백하면서 감칠맛이 있었다. 이 맛이 조면소포체에 뿌리를 두고 있는 것인지, 아니면 분비과립에 의한 것인지는 식사를 하는 자리에서 의견이 나뉘었다.

이자에는 랑게르한스섬islet of Langerhans이라는 내분비선도 기생하고 있지만 여기에서는 외분비 계통의 이야기로 압축해서 설명하기로 하자.

외분비 부위에는 소화효소를 배출하는 선방세포가 가득 채워져 있다(❶). 일본 니가타新潟 대학의 이와나가 히로미(현재 홋카이도北海道 대학)는 이 부분을 확대경 아래에서 해부, 주사전자현미경을 이용하여 포도송이 같은

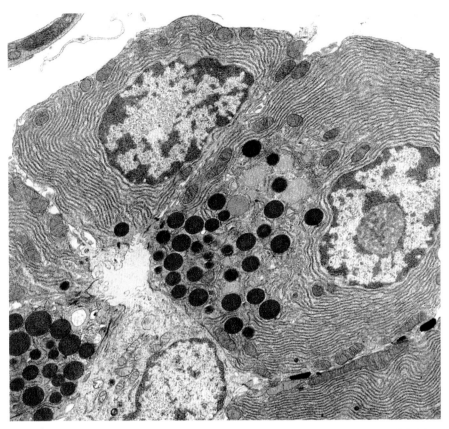

❸ 선방세포(핑크)를 투과전자현미경으로 들여다본 사진. 지문 모양의 조면소포체와 둥근 분비과립이 보인다. 아래쪽의 밝은 세포는 개재부의 세포. 선강腺腔을 황색으로 착색. 쥐. ×6500

구조를 밝혀냈다(❷), 사진을 보면, 선방세포腺房細胞가 집단을 이루고 있고 그것이 가느다란 관(개재부介在部라고 부른다)에 연결되어 있다는 사실을 잘 알 수 있다.

선방은 아밀라아제amylase, 트립시노겐trypsinogen(난백질 소화), 리파제lipase(지방소화) 등을 비롯하여 열 가지가 넘는 분해효소를 분비하는, 그야말로 종합소화제 제조공장이다. 그 때문에 선방세포에는 단백질의 합성장치인 조

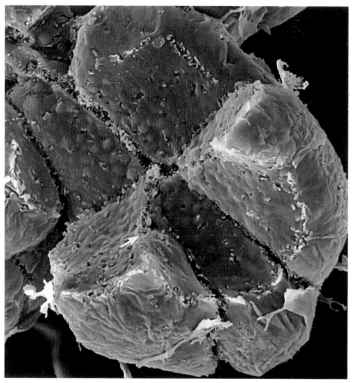

❹ 왼쪽: 세포 사이에서 깨어진 선방. 선강을 황색으로 착색. 화살표는 이자액이 새어나오기 쉬운 위험 부위. 쥐. ×1800

면소포체가 바깥쪽에 가득 차 있고, 안쪽은 소화제를 포함하는 분비과립으로 가득 차 있다(❸).

선방세포가 모여서 만드는 내강은 뜻밖에도 간장과 비슷하다(❷, ❹). 선강의 형태도 모세담관의 가지 모양도, 그리고 그 끝이 세포 기저면에 접근하여 이자효소가 혈액으로 새어나갈 가능성을 제시하고 있다는 점까지도 모세담관과 매우 비슷하다.

간세포와 췌세포는 분화 과정에서 종이 한 장 정도밖에는 차이가 발생하지 않는 형제 사이인 것이다. 비록 먹어보았을 때의 맛은 양쪽이 꽤 달랐지만 말이다.

일반적으로 이자의 신경은 랑게르한스섬에 집중되어 있고 외분비 부위에는 거의 없다. 선방세포의 활동을 조절하는 것은 신경이 아니라 CCK라는 소화관 호르몬(267p 참조)이다. 음식물의 성분(특히 육즙의 아미노산이나 달걀 노른자의 지질 등)이 십이지장으로 들어오면 그 상피에 머리를 내밀고 있는 CCK 분비세포를 자극하여 이 세포로부터 혈액 안으로 내분비된 CCK가 이자의 선방을 자극하는 것이다.

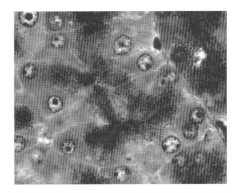
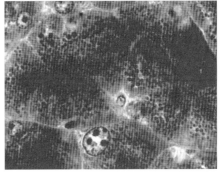

❺ 보통의 먹이(위)와 콩만(아래)으로 30일 동안 사육한 쥐의 이자. 같은 크기로 확대한 사진이지만 아래는 선방과 핵, 과립이 모두 커져 있다. ×350

그런데 콩에는 CCK의 분비를 촉진하는 물질(트립신 저해제(沮害劑))이 포함되어 있다. 쥐를 콩으로 사육하면 선방세포가 거대해져서 다량의 소화효소를 만드는 것을 볼 수 있는데, 3주일만에 이자 전체의 무게는 두 배에 이르렀다(❺).

사람도 콩을 먹으면(껍질째로 삶은 풋콩이 가상 좋시만 풋콩이 없는 계절에는 두유도 괜찮다) 이자의 효소분비를 촉진시켜 소화기능을 개선할 수 있다.

19 미끈미끈, 끈적끈적

술잔세포

술잔세포는 소장, 대장, 기관지, 결막 등의 상피에 흩어져 있는 세포(①, ②)에서 점액을 분비한다. 이렇게 점액으로 점막 표면을 적셔서 기계적인 마찰이나 화학적인 침입으로부터 조직을 지키는 것이 바로 술잔세포다. 대장에는 호산성 과립세포가 특히 많기 때문에 점막 전체가 술잔세포의 집합체라고 말할 수 있다.

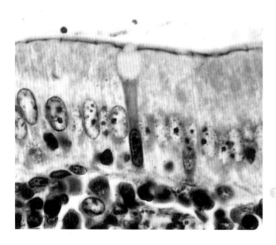

① 소장 술잔세포를 광학현미경으로 들여다본 사진. 사람. 철 헤마톡실린염색. ×500

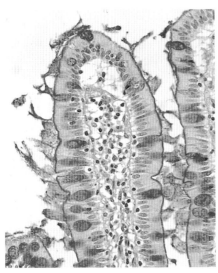

❷ 사람의 소장에 있는 술잔세포가 점액을 방출하고 있다. PAS염색으로 점액을 붉게 염색했다. ×120

❸ 소장 상피의 단면을 주사전자현미경으로 들여다본 사진. 술잔세포가 부서져 점액과립이 보인다. 쥐. ×1000

점액을 분비하는 술잔세포는 대장의 아랫부분으로 갈수록 많아지는데, 이는 내용물의 수송을 용이하게 하기 위한 것이다. 그래서 변비가 있는 사람에게는 일상적인 통변을 원활하게 만들어주는 이 세포가 매우 중요하다.

한편, 이 '술잔세포'에서 '술잔'은 소주잔이나 청주잔 같은 종지를 가리키는 것이 아니다. 베혜르젤레^Becherzelle라는 이름을 만든 독일 조직학자들의 이미지에 존재하는 술잔^Becher(영어로는 goblet)으로, 위가 넓고 가느다란 손잡이가 달려 있으며 아래쪽이 넓은 받침대를 이루고 있는 와인 잔을 가리킨다. W. 바르크만은 조직학 교과서에서 이렇게 말했다.

"위쪽의 부푼 부분이 원기둥 모양으로 뻗어 있는 술잔세포는 오히려 백주 잔(이것도 가느다란 자루와 받침대가 달려 있는 것)과 비슷하며 위쪽에서 넘쳐흐르는 점액의 모습은 그야말로 브루메(꽃 = 맥주 거품) 같다."

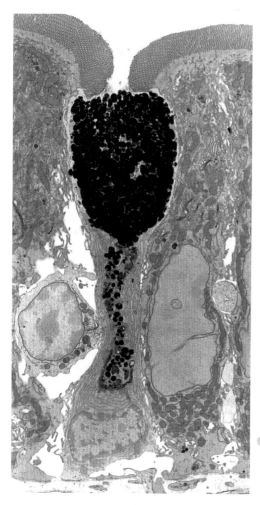

④ 소장의 술잔(녹색)를 투과전자현미경으로 들여다본 사진. 세포 아래쪽에 핵, 그 위에 조면소포체와 골지체가 발달되어 있고, 점액과립을 만들고 있다. 쥐. ×4200

　술잔세포의 분비물은 둥근 분비과립으로, 세포 윗부분에 저장된다(❸, ❹). 그 성분은 당단백질^{糖蛋白質}이며 당질 부분은 커다란 골지체(❹, ❻)에서 합성된다. 한편, 단백질 부분은 조면소포체에서 합성되어 골지체로 보내져서 이곳에서 당질과 결합한다.

　이처럼 골지체가 분비물의 생산과 가공(당질을 만들어 단백질에 첨가)을 하

❺ C. 루브론(1910~)

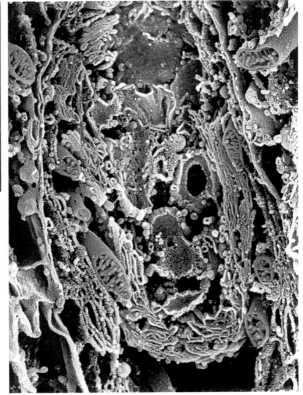
❻ 술잔세포의 골지체의 단면을 주사전자현미경으로 들여다본 사진.
청색: 미토콘드리아. 생쥐. ×10000

는 공장이라는 사실이 밝혀진 것은 1960년대의 일로, 이 연구에서 활약한 것이 바로 술잔세포였다. 방사능을 첨가한 당질의 재료, 푸코오스^{fucose}나 글루코스를 생쥐에게 주사하자, 몇 분 안에 술잔세포에 둘러싸여 골지체로 모이더니 단백질과 결합했다. 그리고 20분 뒤에는 분비과립 안으로 옮겨 갔고, 1~4시간 뒤에는 세포 밖으로 방출될 준비가 갖추어졌다. 이것은 캐나다의 해부학자인 루브론(❺) 그룹이 직접 고안한 '전자현미경 라디오오토그래피'라는 기술을 이용하여 밝힌 내용인데, 방사선동위원소를 동물에

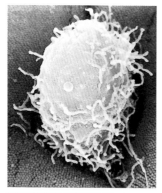

❼ 소장 술잔세포를 주사전자현미
경으로 들여다본 사진. 점액을
저장한 모습과 방출되는 모습이
잘 나타나 있다. 쥐. ×30000

게 주입하여 그 향방을 전자현미경으로 조사한 것이다. 이 방법을 통해 어떤 물질이 생체 안의 어느 장소에서 생산되고, 어떤 식으로 대사작용을 하는지 알 수 있게 되었다.

술잔세포의 윗면에는 점액의 돔 위에 메기의 수염 같은 미세융모가 자라 있다(❶). 술잔세포는 장이나 기도의 내장에서 보내져 오는 기계적이고 화학적인 자극을 이 미세융모로 받아 점액을 분비하는 듯하다.

점액이 분비될 때에는 세포 윗부분에서 과립이 입을 벌리고, 개방된 당단백질은 물에 흡수하여 달걀 흰자 정도의 점도^{粘度}를 가진 뮤신이 되어 흘러나온다(❷). 그 결과, 알알이 저장된 점액을 토해낸 술잔세포는 가늘게 야위어 거의 보이지도 않는다. 그러나 다시 점액을 저장하고 토해내는 과정을 반복하면서 무덤(소장에서는 융모의 끝 부분, 대장에서는 웅덩이 사이의 장벽)으로 이동하여 불과 며칠 동안의 짧은 수명을 끝내는 것이다.

20 동굴 바닥에 사는 괴인

호산성 과립세포

소장의 융모 사이에는 장샘^{crypt}(장내 벽구조. 장벽 형성에 필요한 새로운 세포 공급)이라는 세로 동굴이 수없이 뚫려 있는데, 장샘 바닥에서 눈길을 끄는 것이 에오신이라는 물질에 의해 적색으로 염색되는, 커다란 과립이 채워져 있는 집단이다(❶). 이 세포에 흥미를 느끼고 처음으로 자세한 연구를 실시한 사람은 빈의 해부생리학자인 요셉 파네스

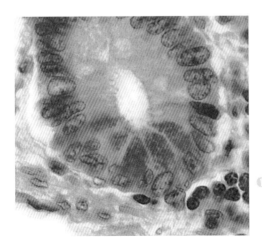

❶ 사람의 소장의 장샘을 광학현미경으로 들여다본 사진. 에오신에 의해 적색으로 염색된 과립으로 가득 차 있는 것이 호산성 과립세포. HE.

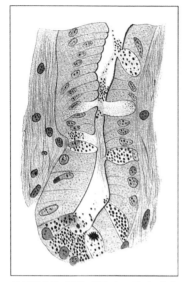

Paneth J(1857~1890)였다.

파네스는 생쥐나 쥐의 소장을 어떤 종류의 약품(피크르 산 등)으로 고정시켰을 때, 세포의 상반신에 과립을 가진 세포가 장샘 바닥에 나타난다는 사실을 깨달았다(❷). 이 세포의 구조는 이자의 선방세포(108p 참조)와 매우 비슷한데, 과립이 장샘의 내강으로 방출되는 것처럼 보인다. 이런 점 때문에 파네스는 이 세포가 선방세포의 동료라고 생각했다. 그러나 과립이 선방세포보다 크다는 점과 절식^{絶食}이나 섭식^{攝食}을 해도 과립의 수에 큰 변화가

❷ 파네스가 그린 생쥐의 소장의 장샘. 문제의 과립이 방출되는 모습을 명료하게 제시하고 있다(Paneth J : Arch Mikr Anat 31 : 113-191, 1888).

발생하지 않는다는 사실도 깨달았다. 유감스럽게도 파네스는 1888년에 이 세포에 대해 보고 한 후 2년 뒤에 33세의 젊은 나이로 세상을 떠났다. 그리고 파네스가 사망한 이후, 이 세포의 역할에 대해서는 오랜 세월 동안 수수께끼에 싸이게 되었다.

투과전자현미경으로 본 호산성 과립세포는 확실히 췌 선방세포와 비슷하지만 보통 상태에서는 분비하는 모습을 볼 수 없다(❸). 그런데 1960년대로 접어들어 세균의 세포벽을 녹이는 리소짐^{lysozyme}이라는 효소가 세포의 과립 안에 존재한다는 사실이 밝혀지면서(❹), 호산성 과립세포와 장내세균^{腸內細菌}의 관계가 주목되었다. 그리고 투과전자현미경에 의해 호산성 과립세포 안에 세균이 들어가 있는 현장을 확인했다는 연구자도 나타났다. 이런 과정을 거쳐서, 이 세포는 분비세포라기보다는 장내세균을 적극적으

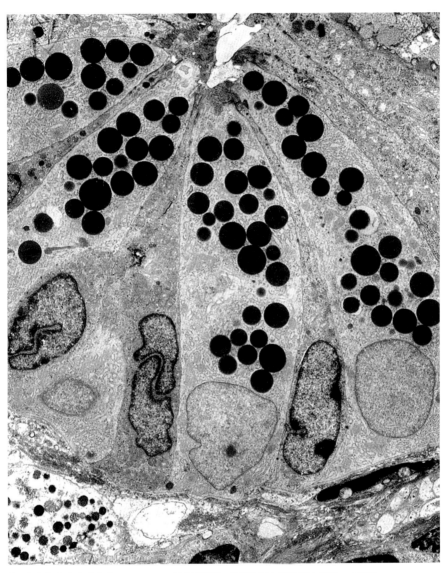

❸ 사람의 호산성 과립세포(황색으로 착색)를 투과전자현미경으로 들여다본 사진. ×2200

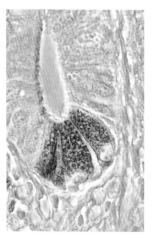
❹ 리소짐의 항체에서 과립이 갈색으로 염색된 사람의 장샘.

로 잡아먹는 세포이며, 과립 안의 리소짐 등 면역글로불린[IgA]에 의해 세균을 세포 안에서 처리하는 것이라는 사고방식이 퍼져 나갔다.

이 탐식세포설[食食細胞說]에 반기를 들고 파네스 관찰의 정당성을 주장한 사람은 아사히카와[旭川] 의과 대학의 사토 요이치[佐藤洋一](현재 이와테[岩手] 의과 대학 교수)다. 무균동물의 장관[腸管] 안에 장내세균을 주입하는 실험을 실시하면, 호산성 과립세포는 격렬한 과립 방출 현상을 보이지만 장내세균을 적극적으로 잡아먹는 모습은 보이지 않는다는 것이었다(❺). 즉 이 세포는 세균을 잡아먹는 세포가 아니라 파네스가 그린 것처럼 과립을 방출하는 분비세포였던 것이다. 단, 과립을 방출한 호산성 과립세포는 세포의 윗부분 절반이 크게 도려낸 것처럼 쭈그러들기 때문에 이것이 잡아먹는 모습처럼 보였을 수도 있다.

호산성 과립세포의 병원성세균 저해작용을 규명한 보고가 2000년 Nature immurology 8월호에 발표되었다(미국 캘리포니아 대학). 이 보고서에서는 호산성 과립세포가 항생성 단백질에 분비해 세균을 사멸시키는 작용을 한다는 것을 정확히 규명하였다. 이전에는 호산성 과립세포가 세균뿐만 아니라 진균과 원생동물에 대해서도 저해작용을 나타낸다고 알려져 있었으나, 그 가설이 옳지 못하다는 것이 이 연구를 통해 규명되었다. 보통 호산성 과립세포에 손상을 입히는 원인은 인체의 세균에 대한 방어기능을 무너뜨릴 수 있기 때문에, 호산성 과립세포에 발생한 이상은 바로 장과 관련된 질병의 핵심을 이룬다.

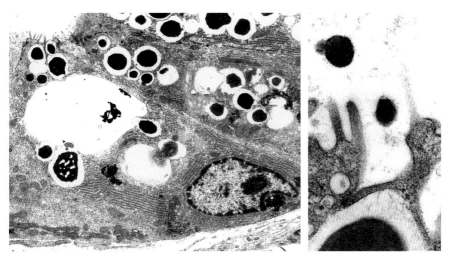

❺ 무균 생쥐의 장에 대장균이나 장구균腸球菌을 주입하면 호산성 과립세포가 흥분하여 액포vacuole를 만들거나(왼쪽) 과립을 방출한다(오른쪽). 왼쪽: ×3000. 오른쪽: ×18000

그런데 최근, 호산성 과립세포가 리소짐 이외에도 다양한 효소(트립신 등)를 가지고 있다는 사실이 밝혀졌다. 또, 곤충을 잡아먹는 박쥐나 개미핥기의 장에는 호산성 과립세포가 잘 발달되어 있는데, 이런 동물들의 경우에는 호산성 과립세포의 리소짐이 곤충의 키틴질 분해에 도움이 되는 것이라고도 생각할 수 있다. 그런 점에서 보면, 이 세포가 소화효소를 분비한다는 파네스의 관점도 검토해 볼 여지가 남아 있다.

그리고 이 과립 안에 아연이나 중금속 결합단백질Metallothionein이 포함되어 있다는 점에 주목하여, 중금속을 체외로 배설하는 데에 도움이 된다고 지적하는 사람이 있다. 또 일종의 성장인자를 호산성 과립세포 안에서 증명하여 이것이 상피세포의 분화分化를 자극한다고 수장하는 학사도 있다. 이처럼 파네스가 본 세포는 지금까지도 괴인 같은 다양한 얼굴을 보여주면서 수수께끼에 싸여 있다.

21 스트레스를 받으면 기운이 난다

부신 피질세포

바쁜 현대 생활에서 '스트레스'라는 말을 듣지 않는 날은 거의 없다. 본래는 금속이 일그러진 모양을 나타내기 위해 사용했던 이 말을 요즘처럼 전용하여 사용하도록 만든 사람은 한스 젤리에[Hans Selye]였다. 그러나 이제 한스 젤리에라는 이름은 의학계에서 잊혀져가고 있다.

● 한스 젤리에[Hans Selye](1907~1982)(http://home.cc.umanitoba.ca/~berczii/page2.htm에서)

젤리에는 1907년에 당시 오스트리아·헝가리 제국의 수도였던 빈에서 태어났다. 그는 프라하 대학 의학부를 졸업한 뒤 1934년에 미국으로 유학하여 이듬해에 캐나다 몬트리올의 맥길 대학에서 조직학·병리학 조수로 채용되어 연구활동을 시작했다.

1940년대에 젤리에는 다양한 유해자극(독물의 침입, 병원균 감염, 한냉, 열, X선 등)에 생체가 노출되면 '전신적응증후군全身適應症候群, General adaptation syndrome'(또는 범적응증후군)이라고 이름 붙인 일련의 증상들이 발생한다는 사실을 깨달았다. 예를 들어, 쥐를 나무판에 고정시킨 채 24시간 동안 방치하자, 전형적인 스트레스 증상이 나타났다. 해부를 해보니 부신副腎이 붉게 충혈되어 있고 크기도 두 배나 부풀어올라 있었다. 비대해진 부분은 부신의 피질이었다. 뇌하수체를 제거한 동물에게는 스트레스를 주어도 피질의 비대 현상이 나타나지 않는다는 점에서 뇌하수체의 호르몬(부신피질자극호르몬ACTH)이 이 부분을 자극한다는 사실을 알았다.

그 결과 젤리에는 스트레스에 의해 부신피질이 비대해진다는 사실을 알았지만, 자신이 조직학 교실에 있었음에도 불구하고 중요한 소견은 대부분 육안으로 관찰했을 뿐 현미경을 사용한 관찰에는 열의를 보이지 않았다. 그리고 말년에 이렇게 술회했다.

"미지의 대발견에 현미경 따위는 필요하지 않다. 직감과 눈에 들어오는 시각이 중요하다."

한편, 스트레스에 의해 비대해진 부신피질로부터 분비되는 것은 '코르티코이드corticoid'라는 스테로이드호르몬이다. 스트레스가 발생했을 때에는, 당 대사를 조절하는 당질 코르티코이드gluco corticoid의 분비가 높아져 새로운 당의 생성을 촉진하고 항염증작용 현상을 보인다는 사실이 밝혀졌다.

부신피질을 현미경으로 관찰해 보면, 부신 피질세포가 늘어서 있는 줄 사이로 모세혈관이 운하처럼 발달해 있는데(❷, ❸) 그 배열은 언뜻 간세포와 모세혈관의 관계가 비슷하여 피질세포가 혈관과 밀접한 관계에 있다는 사실을 보여준다.

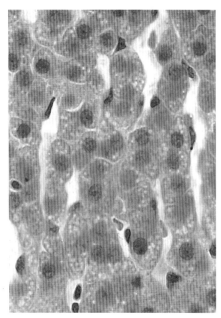

② 부신피질을 광학현미경으로 들여다본 사진. 세포 안의 지방 방울들이 하얗게 구멍이 뚫려 있는 것처럼 보인다. 쥐. ×800

③ 부신피질을 주사전자현미경으로 들여다본 사진. 세포판 사이에 모세혈관이 달리고 있다. 생쥐 ×600

각 부신 피질세포에는 펩타이드^{peptide}나 아민^{amine}을 생산하는 세포에서 특징적으로 보이는 분비과립이 존재하지 않는다. 그 대신 세포질에 미토콘드리아가 가득 차 있고 크고 작은 지방 방울이 흩어져 있다(④, ⑤). 또, 세포질의 남은 부분을 활면소포체가 메운다는 것도 특징이다. 미토콘드리아의 내부에는 일반적으로 볼 수 있는 판 모양 대신 튜브나 관 모양의 구조물이 채워진 독특한 구조를 보이는 경우가 많다(⑤).

부신 피질세포는 대량의 호르몬을 분비하고 있는데, 왜 분비과립이 없는 것일까? 이 점에 대해 생각하려면, 스테로이드호르몬이 콜레스테롤이라는 '기름'으로 구성되어 있다는 점을 상기해야 한다.

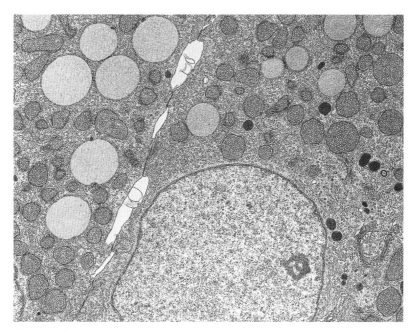

④ 부신 피질세포를 투과전자현미경으로 들여다본 사진. 어두운 미토콘드리아와 밝은 지방 방울 사이에 활면 소포체가 보인다. 개. ×6000

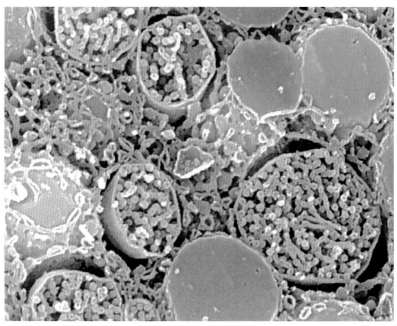

⑤ 부신 피질세포의 단면을 주사전자현미경으로 들여다본 사진. 미토콘드리아(녹색)의 내부에 관 모양의 돌기가 가득 차 있다

콜레스테롤은 원래 세포막을 이루는 성분 중의 하나이기 때문에, 세포막을 자유자재로 빠져나와 세포 안으로 옮겨가서 지방 방울에 용해될 수 있다. 이렇게 해서 지방 방울에 저장된 콜레스테롤은 미토콘드리아와 활면소포체 사이를 자유롭게 왕래하면서, 각각의 막에 있는 효소의 작용으로 몇 단계의 과정을 거쳐 코르티코이드가 된다. 형성된 코르티코이드는 콜레스테롤과 같은 지용성으로 세포막을 자유롭게 통과하여 세포 밖으로 나간다.

　이 호르몬이 기름에 녹는 성질은 표적세포標的細胞에 작용할 때에도 매우 중요한데, 혈류를 개입시켜 표적세포에 도착한 스테로이드호르몬은 세포막을 빠져나가 세포 안으로 침입하여 세포질이나 핵질이 있는 스테로이드수용체steroid receptor와 결합한다.

22 남자다움을 연출하는 연출가

레이딕세포

최근 반려묘를 중성화하는 경우를 흔히 볼 수 있다. 중성화 수술을 받은 고양이는 대부분 야생성을 잃어버리고 얌전해진다. 이것은 정소의 역할이 단순히 정자를 만드는 것뿐 아니라, 수컷(남성)스러움과 관련이 있다는 사실을 보여준다.

① 프란츠 라이디히^{Franz Leydig}
(1821~1908)

이미 19세기 중반부터 정소에 포함되어 있는 어떤 호르몬에 의해 남성스러움이 형성되는 것 같다는 예측이 있었지만, 실제로 그 호르몬이 추출되고 규정된 것은 1885년의 일이다. 이 호르몬은 스테로이드로 이루어져 있으며, 정소^{testis}에서 분비되는 스테로이드^{steroid}라는 의미로 테스토스테론^{testosterone}이라고 한다.

한편, 정소에서 이 호르몬을 만들어 분비하는

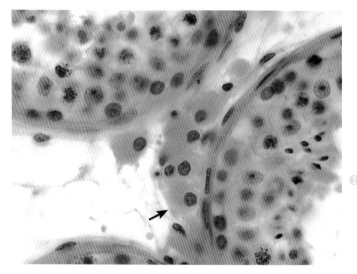

것이 레이딕세포leydig cell다. 이 세포는 1850년에 뷔르츠부르크Wurzbrug의 해부학자 프란츠 라이디히(①)가 정소의 세정관 사이에 지방 방울을 다량으로 함유한 세포집단이 존재한다고 보고했기 때문에 그 이름을 딴 것이다.

레이딕세포는 정소의 세정관 사이에서 혈관을 따라 끈 모양의 집단을 만들고 있는데(②, ③ ,④) 마치 강가에 늘어서 있는 촌락과 같다. 세포 안에는 활면소포체가 가득 채워져 있고 미토콘드리아와 지방 방울도 풍부하다(⑤). 부신의 피질세포(122p 참조)와 비슷한 이 모양은 스테로이드 호르몬을 분비하는 모든 세포의 특징이기도 하다. 따라서 레이딕세포도 부신 피질세포처럼 지방 방울에 콜레스테롤을 포함하며, 이것을 소재로 삼아 미토콘드리아와 활면소포체 안에서 호르몬을 합성한다. 형성된 테스토스테론은 세포막을 통과하여 세포 밖으로 나가 주위에 직접 작용하거나 혈류를 타고 신체 각 부분으로 전달된다.

이렇게 해서, 소위 '라이디히 마을'에서는 항상 강(혈관) 안에 호르몬이

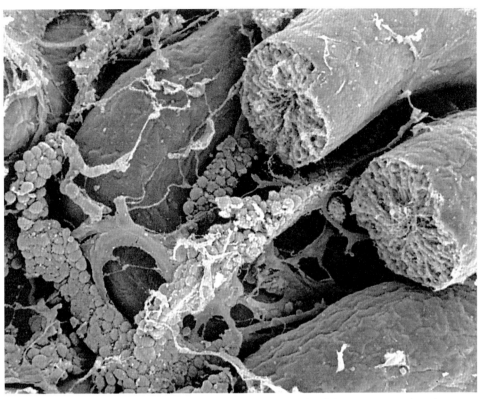

❸ 생쥐의 정소를 주사전자현미경으로 들여다본 사진. 세정관 사이에 레이딕세포(황색으로 착색)가 보인다. ×110

흐르고 있다. 사진(❺)의 레이딕세포의 세포질에는 결정 같은 것이 보인다. 인간 특유의 구조이기는 하지만 이 결정이 무엇을 의미하는지는 밝혀지지 않았다.

레이딕세포는 임신 4개월째부터 활발해져서 테스토스테론을 다량으로 분비하는데, 이런 현상에 의해 태아의 성기 모양이 남성이 된다. 그리고 이 호르몬은 태아의 뇌에도 영향을 미친다. 모든 뇌는 처음엔 여성의 뇌로 만들어지지만 태아기에 테스토스테론의 세례를 받은 것만이 평생을 남성이

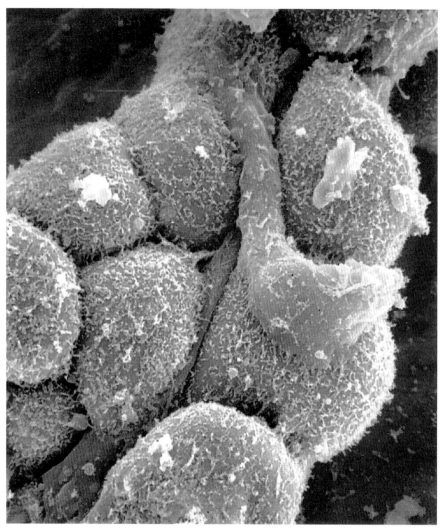

④ 레이딕세포를 확대한 모습. 모세혈관을 중심으로 모여 있는 세포. 대식세포를 핑크로 착색. 생쥐.
×1200

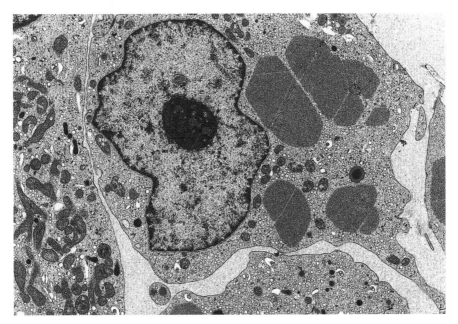

⑤ 투과전자현미경으로 본 사람의 레이딕세포. 회색 결정 모양의 구조(오른쪽)는 좀 더 확대하면 격자 모양으로 보인다. ×4500

라는 의식을 가지고 사는 뇌가 된다.

묘하게도, 태아기에 활약한 레이딕세포는 출생 단계가 되면 모습을 거의 감추어버린다. 하지만 사춘기가 시작됨과 동시에 다시 그 모습을 나타내 활발하게 테스토스테론을 분비한다. 이것이 즉시 이웃의 세정관에 직접적으로 작용하여 정자 형성을 촉진하며, 나아가 혈액을 타고 온몸으로 운반되어 페니스나 전립선 등을 발달시킨다. 즉 제2차 성징(목소리가 변한다거나 털이 자라는 것 등)을 보이는 것이다. 이처럼 레이딕세포는 남성에게 평생에 걸쳐 '남성다움'을 연출해주는 매우 중요한 세포다.

23 미인으로 만들어드려요

갑상선의 여포세포

"만약, 클레오파트라의 코가 조금만 낮았으면 세계의 역사는 바뀌었을 것이다."라는 유명한 말이 있다.

그런데 클레오파트라에게 갑상선기능항진증^{Basedow's disease}이 있었다는 설이 있다. 이 병에 걸리면 갑상선이 크게 부풀어 안구 돌출이나 빈맥^{頻脈} 증상이 발생하고 행동이 활발해지는데, 클레오파트라의 초상화에서 목 부분이 부풀어 있다는 점, 눈이 크고 유난히 빛이 나고 있다는 점, 그리고 그녀의 성격을 근거로 들고 있지만 사실 여부는 알 수 없다.

갑상선은 '목젖' 바로 아래에 위치해 있으며 나비가 날개를 펼친 모양으로 기관^{氣管}에 붙어 있다. 때문에 이것이 부어오르면 목 아랫부분이 부풀어올라 보인다. 갑상선을 광학현미경으로 보면 수많은 작은 주머니가 채워져 있다(❶, ❷). 이 작은 주머니를 갑상선의 여포라고 부르는데, 자세히 보면 콜로이드 모양의 물질을 한 층의 상피세포가 감싸고 있다. 이것이 갑상선

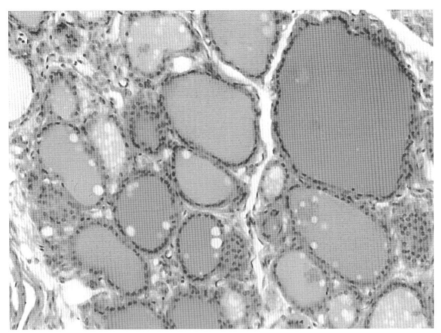

❶ 사람의 갑상선을 광학현미경으로 들여다본 사진. 크고 작은 주머니(여포) 안에는 핑크의 액체(콜로이드colloid)가 채워져 있다. HE. ×130

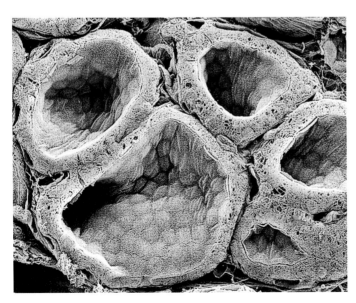

❷ 갑상선의 여포를 주사전자현미경으로 들여다본 사진. 여포 안의 콜로이드는 흘러나갔고 상피세포의 벽이 보인다. 쥐. ×360

호르몬을 만드는 장치다

그렇다면 갑상선의 상피세포는 왜 다른 선膜에서는 볼 수 없는 여포라는 구조를 갖추고 있는 것일까? 이것은 갑상선호르몬의 형성 과정과 어떤 관계가 있는 것일까?

일반적으로 몸 안의 수많은 내분비세포가 분비하는 호르몬은 펩타이드, 아민, 스테로이드 중의 하나다. 하지만 갑상선의 여포상피세포가 분비하는 갑상선호르몬은 그 어느 것과도 다르며 요오드가 붙은 티로신tyrosine이 에테르결합 을 하여 형성된다는 특이한 구조를 이루고 있다.

전자현미경으로 갑상선여포세포를 관찰해 보면, 조면소포체가 매우 발달해 있다. 세포 윗부분에서는 비교적 큰 골지체에서 분비과립을 만들고 있는 모습이 보인다(❸. ❹). 여포상피세포는 이런 장치를 이용하여 티로글로불린thyroglobulin이라는 고분자 당 단백질을 합성하여 자루 안(여포강濾胞腔)

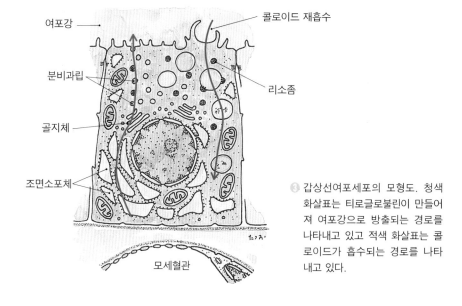

여포강

콜로이드 재흡수

분비과립

리소좀

골지체

조면소포체

모세혈관

❸ 갑상선여포세포의 모형도. 청색 화살표는 티로글로불린이 만들어져 여포강으로 방출되는 경로를 나타내고 있고 적색 화살표는 콜로이드가 흡수되는 경로를 나타내고 있다.

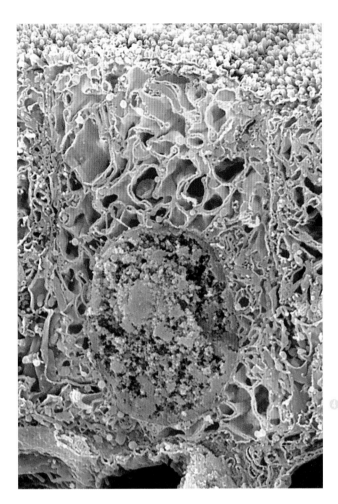

❹ 갑상선 여포세포의 주사
전자현미경 사진. 조면소
포체(황색)가 발달해 있다.
보라색은 핵, 청색은 미토
콘드리아. 쥐. ×5800(고
가 다이스케甲賀大輔)

으로 방출하는 것이다. 또 이 세포는 세포 아랫부분(기저 부분)으로부터 요오
드를 능동적으로 받아들여 여포강으로 수송하는 능력을 가지고 있다. 그 결
과, 여포강에는 티로글로불린 분자와 함께 요오드가 축적되어 티로글로불린
분자 안에 있는 티로신을 요오드화化한다. 한편, 분자 안에 남아 있는 티로신
끼리는 에테르결합으로 연결된다. 이처럼 여포 안에서 자리를 잡은 티로글

로불린 분자는 필요에 따라 여포상피세포에 다시 붙잡혀 리소좀 효소에 의해 절단된 이후 갑상선호르몬으로서 혈액 안으로 방출되는 것이다(❸).

이야기가 복잡해졌지만 중요한 것은, 이 세포는 필요한 소재를 여포 안에 '외분비'한 이후에 그것을 다시 붙잡아 '내분비'한다는, 매우 특이한 활동을 하는 세포라는 것이다. 언뜻 성가신 순서를 밟고 있는 것처럼 보이지만, 이런 과정을 통해서 갑상선호르몬을 대량으로 여포에 저장할 수 있기 대문에, 언제든지 뇌하수체의 명령을 따라 필요한 양의 호르몬을 분비할 수 있다. 여포 주위에는 모세혈관 그물이 둘러쳐져 호르몬이 방출되기를 기다리고 있다.

한편, 갑상선은 태아 시기에 목의 상피^{上皮}가 구멍을 파듯 내려앉으면서 만들어진다. 미래의 여포상피세포가 만든 이 구멍의 흔적은 성인이 되어서도 혀뿌리의 중앙 부분에 '설맹공^{舌盲孔}'으로 남아 있다.

재미있는 점은, 생물의 진화에 있어서 우리 척추동물의 조상이라고 말할 수 있는 칠성장어(원구류^{圓口類})의 경우, 유생기^{幼生期}에는 여포상피에 해당하는 세포가 목(인두^{咽頭})의 벽에 존재하여 그 부분에서 요오드를 모아 소량의 갑상선호르몬을 만들며, 성어^{成魚}가 되면 목과의 연결이 끊어지고 여포의 구조를 갖추게 된다. 이는 여포상피세포가 목의 상피로부터 호르몬의 분비와 조절에 적합한 구조로 진화해온 역사를 엿볼 수 있는 좋은 예다.

24 극약을 만드는 화학자

벽세포

위장의 벽에는 수많은 세로 구멍(위소와)이 있고, 그 바닥에 '위저선'이라는 긴 관 모양의 선이 열려 있다.

위저선에는 펩신이라는 소화효소를 분비하는 세포가 있다. 펩신은 음식물의 단백질을 분해하는 중요한 존재이지만 위저선의 큰 특징은 소화효소

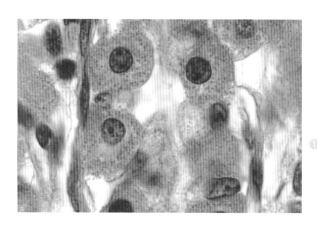

● 광학현미경으로 위저선을 확대한 사진. 커다란 둥근 세포가 벽세포. 그 안에 붉게 염색된 미토콘드리아가 보인다. 원숭이. HE. ×750

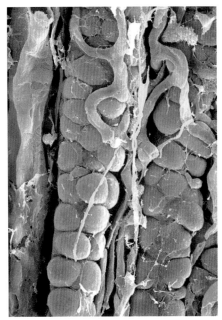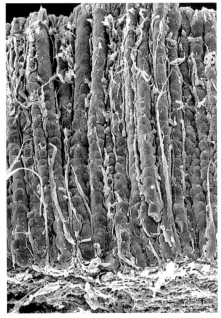

❷ 위저선을 주사전자현미경으로 들여다본 사진. 저배율(오른쪽, ×600)과 중배율(왼쪽, ×90). 벽세포를 핑크, 혈관을 오렌지, 신경을 청색으로 착색했다. 쥐

뿐 아니라 위산, 즉 염산이라는 무기산을 분비한다는 것이다. 그 때문에 위장의 내부는 항상 강산성을 유지하면서 들어온 음식물을 살균하는 한편, 단백질의 성질이 바뀌도록 미리 처리하는 역할도 맡고 있다. 그런데 이 염산의 분비를 담당하고 있는 것이 바로 '벽세포'다.

벽세포는 위저선을 구성하는 세포 중에서 매우 큰 편에 속하며 주먹밥 같은 모양을 하고 있다(❶). 위점막의 단면을 주사전자현미경으로 보면, 불꽃놀이에서의 '나이아가라 폭포' 모양으로 위저선이 흘러내리는 모습을 볼 수 있다. 그리고 그 벽의 일부분이 부풀어올라 둥근 벽세포가 보인다(❷). 벽세포라는 이름은 여기에서 유래된 것이다. 벽세포는 일반적인 염색(헤마톡실린 에오신 염색)에서는 붉게 보인다. 사실, 이 세포는 염산을 분비하기 위

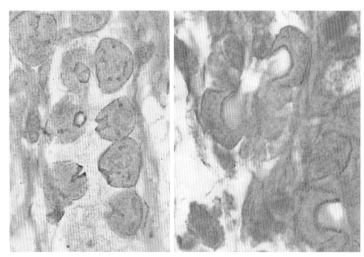

❸은 염색을 통해 볼 수 있는 벽세포. 분비 상태에 따라 세포내소관이 열리는 모습이 바뀐다. 개. ×450

해 대량의 에너지가 필요하기 때문에 미토콘드리아가 가득 채워져 있다. 벽세포가 붉게 보이는 이유는 이 미토콘드리아가 에오신에 의해 염색되기 때문이다(❶).

이 세포의 또 다른 특징은 세포 안에 독특한 소관구조小官構造가 발달해 있다는 것이다. 이 '세포내소관細胞內小管'은 일반적인 염색에서는 분명하게 보이지 않지만, 은 염색을 하면 그 윤곽을 검게 만들 수 있다. 염색이 잘된 표본에서는, 소관이 작게 오므린 입처럼 보이거나 입을 크게 벌리고 있는 것처럼 보이는 등 다양한 모습을 보여준다(❸). 이는 분비기능의 차이를 잘 알 수 있는 모습인데, 지금은 이런 고전적인 방법을 사용하는 연구자는 없다.

투과전자현미경을 사용하여 벽세포를 보면, 우선 밀집해 있는 둥근 미토콘드리아가 눈에 들어온다(❹). 세포내소관에는 미세융모가 빽빽하게 자라

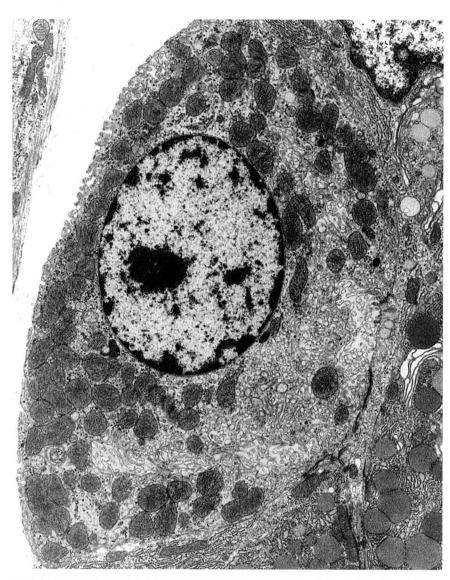

④ 벽세포(연보라색)를 투과전자현미경으로 들여다본 사진. 세포내소관을 황색으로 착색. 쥐. ×4400

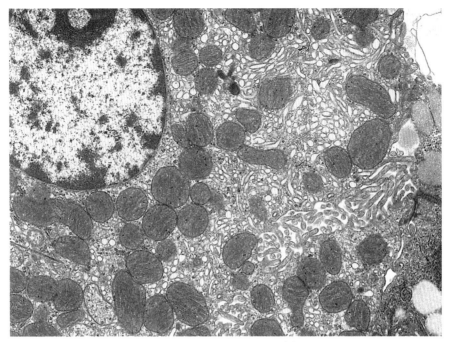

⑥ 벽세포를 확대한 사진. 세포내소관(황색)은 오른쪽 위에서 선강腺腔 쪽을 향해 열린다. 왼쪽 위에는 핵. 작고 둥근 검은색 원들은 미토콘드리아. 쥐. ×8500

있다(⑥). 세포내소관과 미토콘드리아 사이의 세포질에도 수많은 세관과 소포가 있다. 이런 세관이나 소포의 막에는 프로톤 펌프가 묻혀 있고, 분비가 이루어질 때에는 그것이 세포내소관과 융합하여 펌프가 활성화된다고 한다. 활성화된 펌프는 미토콘드리아의 ATP를 소비하여 세포 안의 H^+이온과 세포 밖의 K^+이온을 교환, 수송하는 것으로 염산을 퍼낸다.

위산은 없어서는 안 되는 존재이지만, 너무 많으면 과산증이나 소화성 궤양을 일으킨다. 이 벽세포의 분비 조절은 신경(미주신경)과 호르몬(특히 가스트린gastrin과 히스타민histamine)에 의해 이루어지고 있다. 최근에는 히스타민 수용체의 성질이 밝혀져 약물로 위산분비를 억제할 수 있게 되었기 때문에 궤양도 외과의사의 손을 거의 빌리지 않게 되었다.

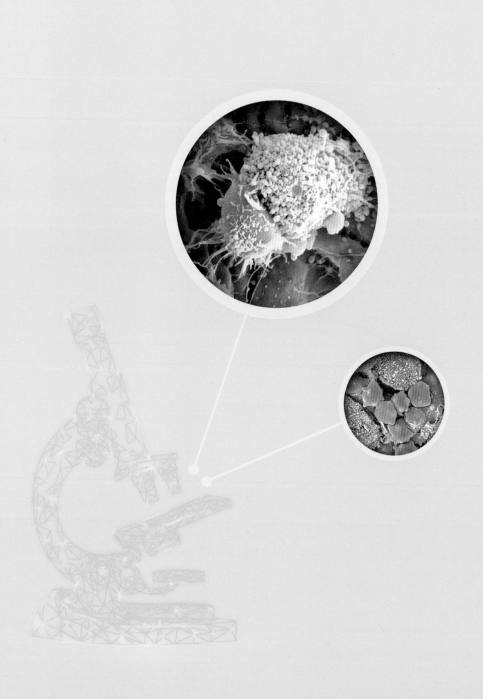

믿음직한 방어부대

25 폐품을 좋아한다

우리의 몸에는 쓰레기나 세포의 시체를 잡아먹는 역할을 담당하고 있는 기특한 세포도 있다. 대식세포라는 이름의 이 세포는 최근에 텔레비전 건강프로그램에도 자주 등장하는데, 이 세포를 발견하여 생체방어 시스템에 관한 새로운 연구 영역을 개척한 사람은 러시아의 E 메치니코프^{Elie} Metchnikoff(❶)였다.

❶ E. 메치니코프(1845~1916)

1883년, 메치니코프는 이탈리아의 시실리섬에서 투명한 불가사리 유충을 관찰하다가 불가사리의 몸 안에서 아메바처럼 움직이는 묘한 세포를 발견했다. 그는 이 세포가 해로운 침입자를 방어하는 역할을 담당하고 있을 것이라고 직감했다. 그래서 마당에서 장미의 가시를

꺾어 와 그 가시로 불가사리 유충의 몸을 찔렀다. 그리고는 이튿날 아침에 현미경으로 들여다보자 그 아메바 같은 세포들이 가시의 주변을 빽빽하게 에워싸고 있었다. 이 세포에 식세포phagocyte라는 이름을 붙인 뒤 메치니코프는 연구 영역을 포유동물로까지 확대하여, 몸 안으로 침입한 세균이나 이물질을 배제하는 데에 이 세포가 주역을 담당한다는 사실을 밝혀냈다.

몸에 염증이 발생하면 소형 백혈구(호중구 好中球, Neutrophil)가 나타나 세균을 잡아먹기 시작한다. 그리고 이어서 대형의 식세포가 나타난다. 메치니코프는 처음에 나타나는 호중구(165p 참조)를 '작은 식세포microphage', 나중의 세포를 '대식세포macrophage'라고 이름 붙였다.

그 후 이런 식으로 염증 치료에 동원되는 대식세포는 혈액 안의 단핵백혈구가 혈관 밖으로 빠져나온 것이라는 사실이 밝혀졌다. 또한 이 대식세포 외에, 몸 안의 특정 조직에 상주하는 대식세포가 있다는 사실도 밝혀졌다. '조직대식세포'라고도 불리는 상주형 대식세포로는 간장의 쿠퍼세포, 폐의 진애세포dust cell(먼지세포라고도 함), 림프절이나 비장의 대식세포, 뼈의 파골세포, 그리고 결합조직 안에 살고 있는 '조직구組織球'가 있다. 조직대식세포는 태아 시기에 각 조직에 배치되어 그곳에서 자란다는 점에서, 골수에서 단핵백혈구로서 만들어져 염증이 발생했을 때에 동원되는 대식세포와는 그 성장 과정이 다르다.

한편, 조직대식세포의 대표라고 말할 수 있는 쿠퍼세포는 간장 안의 모세혈관 벽에 달라붙어 있다(❷). 세포의 표면은 사마귀나 바늘 같은 모양의 돌기물질로 덮여 있고, 혈관의 내면을 애벌레처럼 움직이면서 흘러 들어오는 이물질(쓰레기, 세균, 노화하거나 변성된 세포 등)을 잡아먹는다. 긴 지팡이 같은 돌기를 휘둘러 여기에 걸린 먹이를 잡아당겨서 입술 같은 돌기를

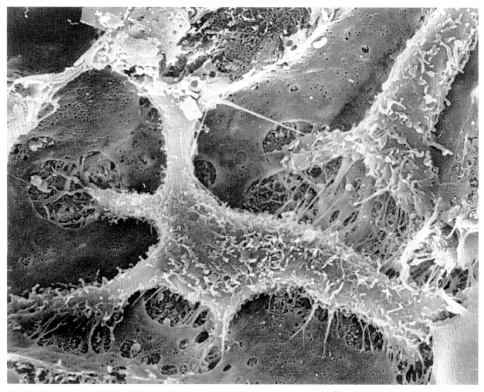

❷ 간장의 넓은 모세혈관에 다리를 뻗고 있는 두 마리의 대식세포(쿠퍼세포^{Kupffer cell}, 황색으로 착색). 갈색은 유동의 내피세포. 주사전자현미경 사진. ×2400

내밀어 먹이를 세포 안으로 끌어들이는 것이다(❸). 세포 표면에 여러 종류의 수용체(미생물의 당쇄^{糖鎖}에 결합하는 만노즈^{mannose}-푸코오스^{fucose}수용체나 보체 수용체^{補體受容體} 등)를 가지고 있기 때문에 이물질을 인식하고 붙잡을 수 있다. 하지만 아무리 그렇다고 해도 가까이 다가온 먹이를 놓치지 않는 대식세포의 역할은 매우 정확하게 이루어진다.

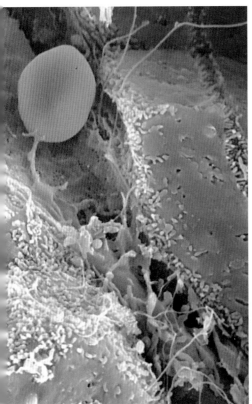

❸ 왼쪽 : 변성적혈구變性赤血球가 쿠퍼세포(황색)의 돌기에 붙잡힌 모습. 주사전자현미경 사진. ×2800

오른쪽 : 다수의 적혈구를 잡아먹은 한 마리의 쿠퍼세포. ×1400

대식세포는 여러 종류의 분해효소를 리소좀에 저장해 두고 있는데, 세포 안으로 들어온 먹이는 이 효소에 의해 분해된다(❹). 한편, 먹이를 먹고 흥분한 대식세포는 사이토카인이나 케모카인chemokine이라고 불리는 물질들을 분비하여 T세포, B세포, NK세포 등의 림프구(159p 참조)를 활성화시켜 면역반응을 강화한다. 닥치는 대로 잡아먹는 폭군처럼 보이는 이 세포는 사실, 쓸모 없는 물질들을 물리쳐주는 믿음직스런 존재다.

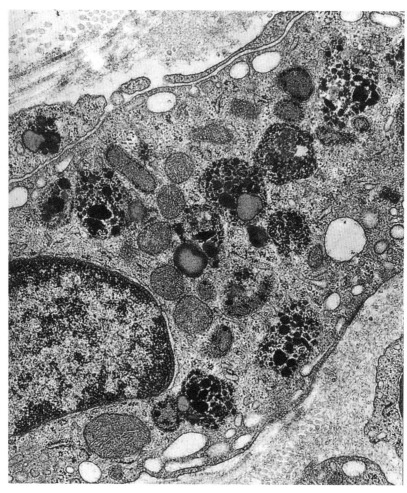

④ 대식세포를 투과전자현미경으로 들여다본 사진. 검은색의 쓰레기 같은 것을 감싸고 있는 것이 리소좀. 회색의 작은 덩어리들은 미토콘드리아. 사람의 피부.
×9300

26 최전선의 경찰

랑게르한스세포

몸의 표면을 덮고 있는 피부는 외부 세계의 자극을 가장 받기 쉬운 기관이라고 말할 수 있다. 현재는 이 피부가 체표면을 단순히 기계적으로 보호할 뿐 아니라 적극적으로 생체 방어를 담당한다는 사실이 밝혀졌는데, 그 주역을 담당하고 있는 것이 표피 안의 랑게르한스세포다.

① 파울 랑게르한스(1847~1888)

이 세포는 독일의 파울 랑게르한스가 1868년에 발견했다(①). 당시 21세의 의학생이었던 랑게르한스는 베를린 대학의 병리학교실에서 비르효^{Virchow}라는 대교수의 지도를 받으며 사람의 피부에 존재하는 신경에 관한 연구를 하고 있었다. 그런데 어느 날 염화금^{鹽化金}을 이용한 염색(도금염색^{鍍金染色}) 도중 표피 안에서 검은색으로 물이 드는 묘한 돌기를 가진 세포를 발견했

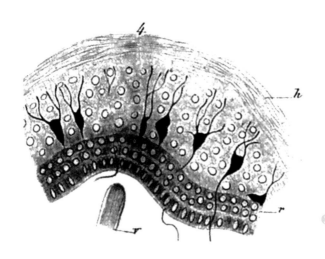

❷ 랑게르한스의 논문 안에 실
려 있는 그림(Arch Pathol
Anat 44 : 325~337, 1868)

다(❷). 그가 이자의 '랑게르한스섬'을 발견하기 전 해의 일이다.

랑게르한스는 이 세포가 모든 피부에 거의 균등하게 분포되어 있다고 주
장했다. 또 이 세포의 본성에 대해서는 여러 가지 고민 끝에 신경계에 속할
것이라는 결론을 내렸다. 그 후 이 세포는 오랜 세월 동안 잊혀져 있었다.

랑게르한스세포의 존재가 서서히 각광을 받기 시작한 것은 그로부터 약
백 년이 지난 뒤의 일이다. 투과전자현미경으로 피부의 질병(백반증)을 연
구하고 있던 런던의 M. S. 바베크 일행은 랑게르한스세포 이곳저곳에 테니
스 라켓 같은 모양을 한 특유의 과립이 존재한다는 사실을 발견했다(1961
년). 이 바베크 과립은 그 후에 여러 동물의 랑게르한스세포에서도 확인되
었다(❸).

한편, 1970년대로 접어들어 뉴욕 대학 피부과교실의 실버벅은 염화수은
을 피부에 발랐을 때의 변화를 투과전자현미경으로 연구하고 있었는데, 수
은에 의해 피부염이 발생한 부위에서는 랑게르한스세포와 림프구의 접촉

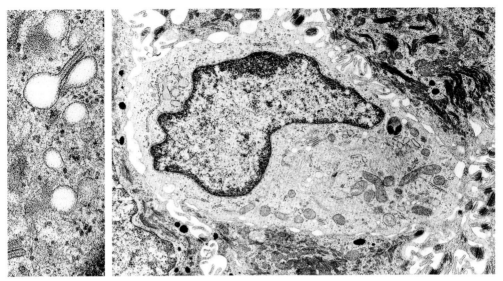

❸ 오른쪽: 인간 표피의 랑게르한스세포를 투과전자현미경으로 들여다본 사진. ×5,500

왼쪽: 크게 확대한 라켓 모양의 바베크 과립. ×25000

이 이루어진다는 사실을 깨달았다. 이 발견을 계기로 알레르기성 접촉피부염에서의 랑게르한스세포의 역할이 주목을 받게 되었고, 피부의 면역기능과 랑게르한스세포와의 관계가 잇달아 규명되기 시작했다.

랑게르한스세포는 표피를 구성하는 세포 중 불과 2~5%를 차지하고 있을 뿐이지만, 긴 돌기를 몇 개나 뻗쳐 표피 안에 안테나를 치고 있다(❹, ❺). 항원이 될 물질이 표피의 표층부에서 심층부로 침입하면, 랑게르한스세포의 돌기가 이것을 포착하여 붙잡는다. 그 결과, 자극을 받은 랑게르한스세포는 표피를 빠져나와 진피의 림프관 안으로 들어가서 가장 가까운 림프절에 도착하면 그곳에서 대기하고 있는 T림프구에 항원을 제시해준다. 즉 랑게르한스세포는 생체를 방어하는 최전선에 해당하는 피부라는 장소에서 경찰 역할을 담당하고 있는 유능한 감시원인 것이다.

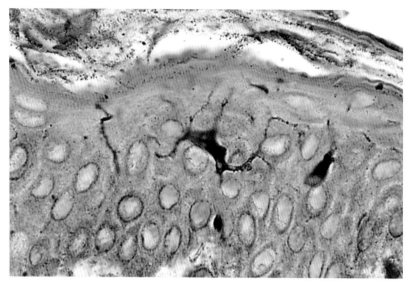

❹ 염화금법鹽化金法에 의해 모습을 드러낸 인간 표피의 랑게르한스세포. ×500

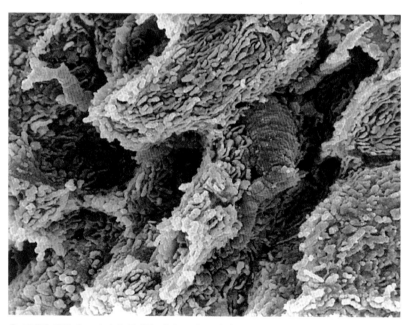

❺ 표피의 각질세포 사이에 돌기를 내밀고 있는 랑게르한스세포(적색). 주사전자현미경 사진. 쥐의 발바닥. ×2300

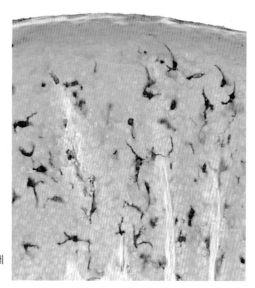

⑥치육염齒肉炎에 의해 증가한 랑게르한스세
포. S100단백의 항체로 면역염색했다.

최근에는 랑게르한스세포의 마커(표시가 되는 물질)가 다양하게 알려져 이
세포의 움직임을 조사하기 쉬워졌다. S100단백이라는 물질도 그런 마커의
일종으로 항체를 이용하여 랑게르한스세포를 염색할 수 있다. 그 결과, 피
부염 이외의 질병과 이 세포의 관계도 화제가 되었다. 그림에서처럼 잇몸
의 염증(치육염)에도 랑게르한스세포가 강렬하게 반응하여 방어역할을 강
화하는 모습을 볼 수 있다(⑥).

27 신출귀몰

 랑게르한스세포는 피부에 상주하면서 감시 역할을 담당하는 세포라고 설명했다. 그런데 최근 들어 이 세포의 동료가 온몸에 분포되어 있다는 사실이 밝혀지면서(❶) 이 세포들을 정리하여 '수상세포'라고 부르게 되었다.

 원래 수상세포라는 이름은 1973년에 R. M. 슈타인맨 등이 갈아서 으깬 쥐의 비장으로부터 단독으로 분리된 세포들에 붙인 이름이다. 그들은 분리될 때 유리나 플라스틱 접시에 달라붙는 물질을 현미경으로 살펴보다가 사마귀나 곤봉 모양의 돌기를 수없이 내뻗고 있는 특징 세포를 발견하고 여기에 주목했다. 이 세포는 대식세포처럼 무엇인가를 잡아먹는 작용은 거의 보이지 않았지만, 이식면역과 관계가 있는 '조직적합항원'을 세포 표면에 가득 가지고 있고 T세포와 잘 접착했다. 이런 점 때문에 슈타인맨 등은 그것이 대식세포와는 다른 면역계 세포라고 생각했다. 또 이 세포들이 림프절이나 흉선^{胸線}으로부터 단독 분리된다는 사실도 알았다.

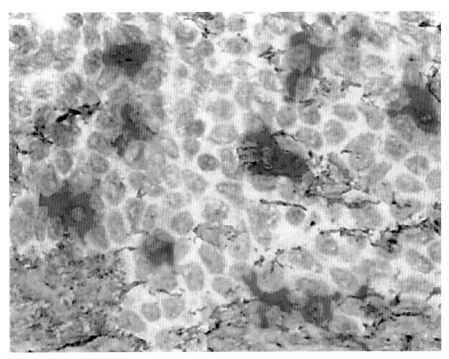

① 조직 적합 항원이 붉게 염색된 수상세포. 쥐의 기관상피. ×400

　한편, 네덜란드의 J. E. 펠드맨은 1970년 림프절의 심층부에 림프구나 대식세포와 다른 묘한 모양의 세포를 발견했다(②). 이 세포는 일그러진 핵을 가지고 있는 밝은 세포로, 전자현미경으로 보면 세포소기관에 하얀 껍데기 같은 세포질이 복잡하게 얽혀 있기 때문에 '수지상樹枝狀세포'라는 이름이 붙여졌다. 그리고 이 세포는 림프절 이외에서도 비장이나 흉선에서 T림프구와 함께 존재한다는 사실이 밝혀졌다.

　그 후의 연구에 의해 이 세포와 수상세포가 동일한 세포라는 사실이 밝혀졌다. '세포 발견'이라는 점에서는 '수지상세포' 쪽이 앞서지만 '수상세포'라는 말을 더 많이 사용되게 된 이유는, 이 세포의 연구자 단독으로 분

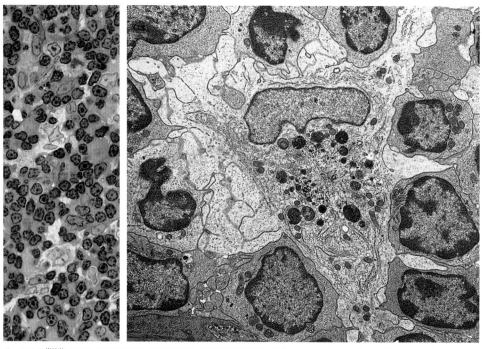

❷ 수지상 ^{樹枝狀}세포의 광학현미경 사진(왼쪽)과 투과전자현미경 사진(오른쪽). 수지상세포는 밝은 세포질과 일그러진 핵이 특징이다. 전자현미경에서는 서로 맞물려 있는 듯한 세포질 돌기가 보인다.
왼쪽: ×170, 오른쪽: ×3900

리된 세포의 면역학적 해석이라는 적절한 방법으로 이루어졌기 때문이다.

한편, 수상세포의 조직학적 연구로 잘 알려져 있는 일본의 마쓰노 겐지로^{松野健二郎}(도쿄 의과대학 교수)는 이 세포가 다섯 개의 성숙 단계를 거치며 각 단계에 따라 그 거처와 활동이 변하는 약동적인 세포집단이라고 말한다 (❸). 1단계는 이 세포가 가장 약한 시기로 골수 안에서 복제를 반복하면서 전구세포^{前驅細胞}를 만든다. 여기에서 형성된 전구세포가 혈액 안으로 들어가 몸 안을 순회하면서 필요한 장소에 정착하기까지가 2단계에 해당한다. 이렇게 해서 수상세포는 온 몸 의 각 장기에 거처, 돌기를 뻗쳐 항원의 침입

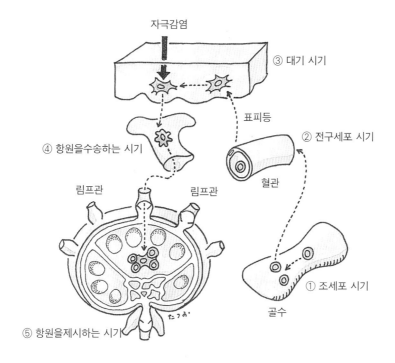

자극감염

③ 대기 시기

표피등

② 전구세포 시기

④ 항원을수송하는 시기

혈관

림프관　　　　　　　림프관

① 조세포 시기

골수

⑤ 항원을제시하는 시기

❸ 수상세포의 이동과 성숙이 이루어지는 5단계

에 대비하면서 대기하게 된다. 이것이 이른바 3단계에 해당하는 '대기 시
기'로, 이때 수상세포는 섭식 능력을 강화하여 각 장기에 침입한 항원을 섭
취한다. 표피의 랑게르한스세포, 기도 상피 안의 수상세포, 간장이나 심장
의 조직 틈새에 나타나는 간질수상세포^{間質樹狀細胞} 등이 전형적인 예다. 항원
을 섭취한 수상세포는 한 단계 성숙하여 이동능력을 획득, 조직을 빠져나
와 림프관으로 들어가서 림프절 등의 림프기관으로 이동한다. 그리고 그곳
에서 대기하고 있는 T세포에 '이런 항원을 만났다'고 가르쳐주는(항원제시)
것이 수상세포가 담당하는 역할의 최종단계다(❹).

이처럼, 수상세포는 온 몸의 각 장기에 분포하여 밤낮을 가리지 않고 감

④ 림프절 안에서 가지를 뻗어 림프구를 끌어안고 있는 수상세포(보라색). 쥐. ×2000

시하는 체제를 갖추어 무슨 일이 발생했을 때에는 즉시 면역 대응을 한다. 수상세포의 중요성은 감염면역에 그치지 않는다. 장기 이식을 할 때에는 이식을 해준 사람의 조직 안에 거처하는 수상세포가 이식을 받은 사람의 T 세포에 항원을 제시하는 것에 의해 거부반응이 시작된다고 여겨지고 있다. 또, 몸 안에 종양이 생겼을 때의 수상세포의 역할도 매우 크다. 때문에 이런 반응에서의 수상세포의 움직임을 이해하는 것이 아주 중요한 문제로 대두되고 있다.

28 경비회사의 성실한 사원

림프구

생체에 침입하는 병원체뿐 아니라 내부의 반란분자, 특히 암세포를 감시하고 배제하는 림프구의 분류나 기능은 매우 복잡하고 다양하다.

골수에서 탄생한 림프구는 림프절을 비롯한 림프기관에 모인다(①). 이

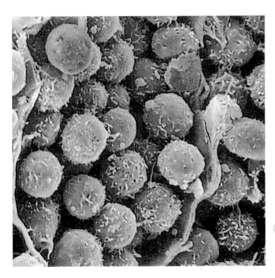

① 림프절에 가득 차 있는 림프구를 주사
전자현미경으로 들여다본 사진. 쥐.
×1100

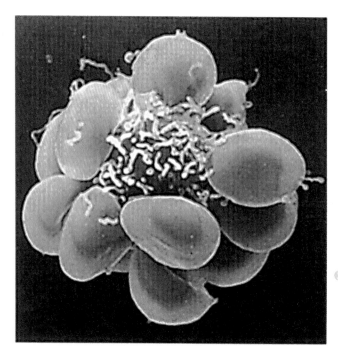

❷ 사람의 T림프구와 양적 혈구羊赤血球가 만들어낸 장미 모양의 결합체. T림프구를 구분하는 고전적인 방법. ×3800

세포들은 크게 B림프구와 T림프구(❷)로 구분할 수 있다. 이 중에서 B림프구는 항원을 만드는 것이 전업이고, T림프구는 면역회사의 관리직으로서 면역반응을 지휘하는 역할이다. 즉 골수에서 탄생한 미숙한 림프구의 일부는 흉선에 체류하면서 특수한 '교육'을 받아야 어엿한 T림프구가 된다. 다른 림프구의 분화分化나 활동을 감시하는 '조력자'(헬퍼세포Helper cell)나 '억제자'(서프레서세포Suppressor cell), 또는 이상한 세포를 파괴하는 '살인자'(킬러세포)가 되는 것이다. 그런데 조직을 현미경으로 관찰해 보면 림프구와 대식세포가 다양한 조직의 그늘에서 포옹을 하거나 키스를 하고 있는 모습을 볼 수 있다(❸). 대식세포가 잡아먹은 분자의 일부를 입을 통해서 T림프구에 전달하고 있는, 즉 항원을 제시하고 있는 현장이다.

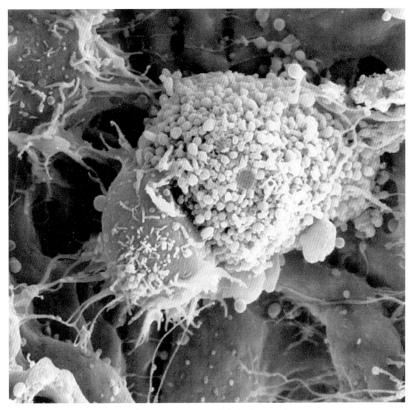

❸ 림프구(청색)와 대식세포(녹색)의 접합. 사람의 비장의 한쪽 구석. ×2000

　최근 면역학의 스타로 등장한 '내추럴킬러[NK]세포'는 B도, T도 아닌 림프구다. 이 세포는 면역회사의 간부 양성코스인 흉선에서 교육을 받지 않으며, 종양세포에 상처 입히는 일을 전업으로 삼고 있는 '천성적인 살인자'다. 투과전자현미경으로 관찰하면, 세포질에 검고 둥근 커다란 과립을 포함하고 있는 것이 특징인데 과거에 '대과립 림프구大顆粒淋巴球'라고 불렸던 것과 거의 일치한다.

　다수의 NK세포가 간장의 모세혈관 안에 존재한다는 것은 일본의 도쿄

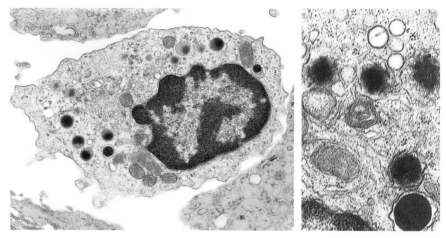

○ 쥐의 간장의 피트^{NK}세포를 투과전자현미경으로 들여다본 사진. 전체적인 모습(왼쪽)과 세포의 일부 (오른쪽). 검은색의 둥근 과립과 둥근 원 안의 자 모양의 소포(왼쪽 위)가 보인다. 왼쪽: ×6500. 오른쪽: ×20000

의·치과대학 해부학교실의 와케 겐지로^{和氣健二郎} 교수의 지도 아래에서 가네 다 겐지^{金田研司} 등이 밝혀냈다(1983).

그보다 전에, 라이덴^{Lei-den} 대학의 비세가 내분비세포처럼 과립이 있는 세포를 간장의 넓은 모세혈관에서 발견하여 '피트세포'(④)(pit는 네덜란드어 로 수박 등의 씨앗을 가리킴)라는 이름을 붙였지만 그때까지도 정체가 불투명 한 세포였다. 그런데 가네다 겐지 일행은 이것이 대과립 림프구라는 사실 을 깨달았다. 나아가 이 세포가 종양세포를 살해하는 능력을 가지고 있다 는 사실을 발견하여 '피트세포는 NK세포다'라고 보고했다.

이 세포에는 검고 둥근 과립 이외에 막대 모양의 심을 포함한 밝은 소포^{小胞} 도 포함되어 있는데, 간장의 NK활성을 높이는 약제를 동물에게 주사하면 피트세포와 함께 소포의 수도 증가한다는 점과 종양세포를 공격할 때에는 이 소포가 세포막 근처에 모인다는 점도 제시했다. 이렇게 해서 NK세포

가 간장의 넓은 모세혈관 안에 상
주하면서 살인자가 되어 흘러 들
어오는 종양세포를 붙잡아 처리
한다는 사실이 밝혀졌다(⑤). 한편,
이 세포는 비장, 폐의 모세혈관 내
부, 골수, 흉선에서도 발견되었고
나아가 장관[腸管]이나 기도 등의 상피
안에도 상주한다는 사실이 밝혀
졌다.

NK세포는 종양세포에 대해서
만이 아니라 여러 종류의 이상세
포를 파괴하는 능력이 있다는 사
실도 밝혀졌는데 장의 융모 첨단
부위에서 수명을 다하는 상피세
포의 아폽토시스와 관련이 있다
는 점은(73p 참조) 이 세포의 폭넓
은 활동에 비추어 보면 빙산의 일
각이라고도 할 수 있다.

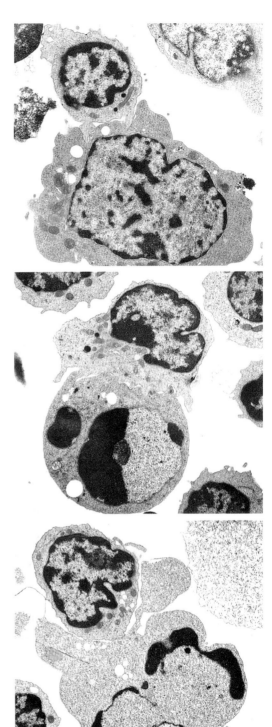

⑤ 피트세포(녹색으로 착색)가 종양세포(YAC-1)를
살해하는 모습(유리그릇 안에서). 피트세포가 돌
기를 찔러 넣어 독물을 주입한다(위). 종양세포
의 핵에 아폽토시스에 의해 죽음을 맞이하고
있는 염색질의 팬더 모양이 나타나고(중간), 세
포질은 분해된다(아래). ×2800

29 자유자재로 빠져나가는 자폭병사

과립성 백혈구

살아 있는 조직을 현미경으로 들여다보면 맑은 오렌지색을 띤 적혈구가 빠른 속도로 모세혈관 안을 흘러 다니는 모습을 관찰할 수 있다. 그런데 때로는 그 흐름 속에 하얀 반점 같은 것이 지나간다. 이것이 바로 백혈구다. 이 세포를 처음으로 발견한 사람은 영국의 윌리엄 휴슨(1739~1774)이다. 당시에는 혈액을 물로 희석시킨 것을 슬라이드글라스에 떨어트려 관찰하는 것이 일반적인 방법이었지만, 그는 혈청으로 희석시키는 방법을 연구하여 이 투명한 세포를 발견했다.

현재는 백혈구를 관찰할 경우, 소량의 혈액을 슬라이드글라스에 펼친 표본(도말표본塗抹標本)을 사용한다. 그리고 여기에 적색이나 청색의 아닐린색소를 이용해서 특수한 염색을 실시한다(❶). 이런 염색법을 고안한 사람은 다음 페이지에서 설명할 파울 에를리히Paul Ehrlich다. 그는 이 방법을 이용하여 백혈구에 과립을 가진 것(과립성 백혈구)과 과립을 가지고 있지 않은 것(무과

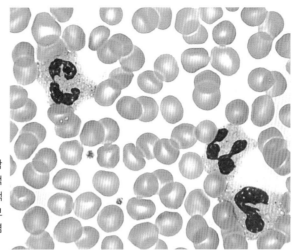

① 사람의 혈액 도말 표본을 광학 현미경으로 들여다본 사진. 적혈구 사이에 세 개의 과립성 백혈구(호중구)가 보인다. 작은 보라색의 두 점은 혈소판. 김사염색$^{Giemsa\ stain}$. ×730

립백혈구)이 있다는 것, 나아가 과립성 백혈구도 그 과립의 성질이나 모양에 따라 세 종류(호산구^{好酸球}, 호염기구^{好鹽基球}, 호중구^{好中球})로 나누어진다는 것을 밝혔다.

한편, 백혈구 중에서 약 70% 가까운 대다수를 차지하고 있는 것은 '호중구'인데, 호중구는 '위족^{僞足}'을 사용하여 기어다닌다는 사실이 밝혀졌다. 슬라이드글라스에 떨어뜨린 혈액으로부터 호중구를 찾아 들여다보면, 유리판 위를 아메바처럼 기어다니는 모습을 관찰할 수 있다(②).

물론 호중구는 평소에는 적혈구와 함께 혈관 내부를 흘러 다니는데, 이것은 이른바 순찰 단계에 해당한다. 그러다가 체내에 세균 등이 침입하면, 그 침입자의 냄새(주화성인자$^{走化性因子,\ Leukocyte\ chemotactic\ factor}$)에 이끌려 혈관벽을 뚫고 나가 복석지로 이동하기 시작한다.

호중구가 빠져나가는 현상은 염증이 발생한 장소 근처의 가느다란 정맥에서 일어난다. 호중구는 내피세포와 호중구의 표면에 나타난 접착분자에

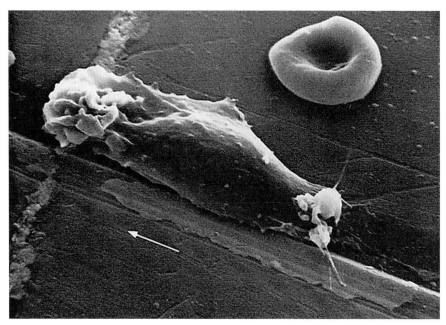

❷ 이동 중인 사람의 호중구를 주사전자현미경으로 들여다본 사진. 화살표가 진행 방향. 머리 부분에 위족이 뻗어 있고 주름이 잡혀 있다. 꼬리 부분에는 혈소판이 엉켜 있다. ×2900

의해 벽에 달라붙어 잠시 뒹굴어 다니다가 천천히 빠져나간다. 일반적으로 호중구가 혈관 벽을 빠져나갈 때에는 내피세포(186p 참조)의 경계를 열어 제치듯 빠져나간다고 여겨지고 있다. 그러나 우리가 들여다본 바에 의하면 호중구 자신이 내피세포의 핵 근처, 즉 세포의 한가운데를 당당히 뚫고 빠져나왔다(❸).

혈관 벽을 빠져나간 호중구는 모두 모여 염증이 발생한 현장으로 가서 세균이나 이물질을 처리한다. 세균학자인 일본의 야마모토 다쓰오山本達男(니가타 대학 교수)는 여러 종류의 세균감염에서 호중구가 침입자를 잡아먹는 현장을 투과전자현미경으로 포착하여 호중구가 잡아먹은 세균을 자신의 과립 안의 효소를 사용하여 분해하는 모습을 관찰했다(❹). 골수에서 호중

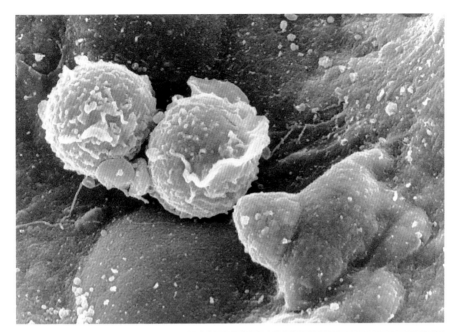

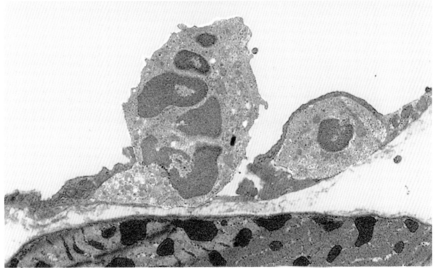

호중구의 움직임을 촉진하는 물질^{FMLP}을 국부에 투여한 뒤 주사전자현미경으로 들여다본 사진(위쪽)
과 투과전자현미경으로 들여다본 사진(아래). 왼쪽 사진에서는 왼쪽의 두 개의 호중구(황색)가 내피에
부착해 있고 오른쪽의 한 개가 내피 안으로 침입해 있다. 아래 사진에서는 내피 안으로 파고 들어간
두 개의 호중구가 보인다.

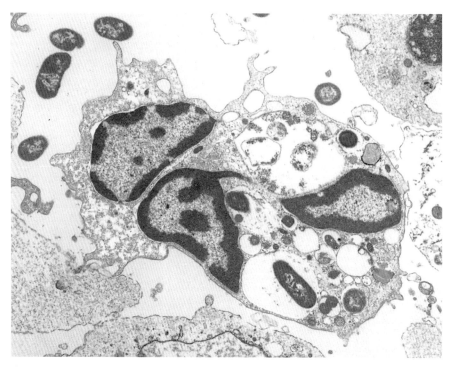

④ 병원 내 감염의 한 요인이 되는 세라티아 serratia라는 세균을 사람의 호중구가 잡아먹고 있는 현장을 보여주는 투과전자현미경 사진. ×6500

구를 만드는 일도 항진되어 말초혈액 안으로 계속 호중구를 보내기 때문에 채혈해서 조사해 보면 혈액 안의 백혈구 수가 엄청나게 증가해 있다.

세균을 잡아먹은 호중구는 자신도 죽음의 길을 밟는다. 그 결과 염증이 발생한 현장에는 수많은 호중구의 사체가 쌓여 이른바 고름이 생긴다.

독일의 젊은 의학자 미셔(1896)는 붕대에 묻은 고름에서 처음으로 DNA를 채취했다. 고름 안에 호중구 핵의 잔해가 대량으로 포함되어 있었기 때문이다. 그런데 이 DNA가 21세기의 총아가 되리라고는 미셔도 전혀 예상하지 못했을 것이다.

30 튀는 지뢰

비만세포는 온몸에, 특히 피부나 내장을 둘러싸고 있는 결합조직에 분포되어 있다. 하지만 연구실에서 일반적으로 이용하는 염색법으로는 핵만 염색될 뿐이어서 이 세포의 존재는 확인하기 어렵다. 마치 투명인간 같다. 이 투명한 세포를 보라색으로 화려하게 염색해서 처음으로 그 존재를 확인한 사람은 독일의 의학자 파울 에를리히(1877)였다.(❶) 아닐린 색소의 염색성질을 조사하고 있던 23세의 에를리히는 트루이딘블루Truidin blue 같은 염기성 색소에 염색되는 과립으로 가득 찬 세포를 발견하고 Mastzellen(mast cell)이라는 이름을 붙였다(❷). Mast는 '통통하게 살이 찐'이라는 의미의 독일어로 '비만세포'라

❶ 파울 에를리히(1854~1915)

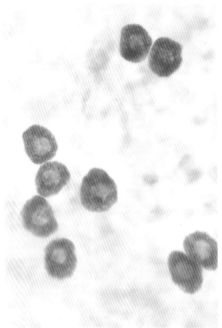
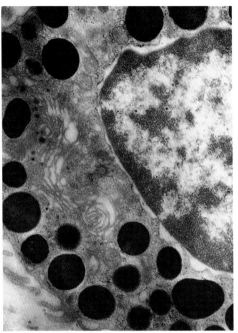

❷ 쥐의 비만세포. 피하조직을 슬라이드글라스 위에 펼쳐놓고 트루이딘블루로 염색했다.

❸ 쥐의 비만세포를 투과전자현미경으로 들여다본 사진. 골지체에서 분비과립이 만들어지고 있는 중이다. ×7500 (Fujita Ti ZZellforsch 66: 66~82, 1965)

고 번역된다. 이 세포는 육체적 비만과는 관계가 없지만, 자주 오해를 받는다고 한다.

한편, '염기성 색소에 염색된다'고 표현했지만 사실은 색소 안의 유리기遊離基, Free redical가 산성인가 또는 염기성인가에 따라 색소를 분류한 사람은 에를리히였다. 그는 다양한 색소로 백혈구를 염색하여 호산구好酸球(산성색소에 염색되는 것), 호염기구好鹽基球(염기성색소에 염색되는 것), 호중구好中球(산성과 염기성 색소에 모두 염색되는 것)로 구별함으로써 혈액학의 기초를 구축했다.

색소와 세포내 물질의 특이한 친화성은 평생 에를리히의 머리에서 떠나지 않았다.

"그렇다면, 세균이나 스피로헤타^{spirochetes}에 특이하게 결합하여 그 활성을 봉쇄하는 화학물질은 없을까?"

이런 아이디어가 매독의 특효약인 살바르산^{Salvarsan}의 발견과 면역반응의 원리(측쇄설^{側鎖說}, 곁사슬이론)에 대한 착상으로 발전한다. 이런 이유에서 비만세포는 화학요법의 아버지이며 면역학의 선구자인 에를리히의 연구성과를 높여준 기념할 만한 세포였다.

한편, 투과전자현미경으로 볼 수 있는 비만세포에는 검고 큰 과립이 가득 채워져 있다(③). 이 비만세포의 과립에 혈액응고를 방지하는 헤파린^{heparin}이 포함되어 있다는 사실은 오래 전부터 알려져 있다. 헤파린은 소의 간장에서 발견되었기 때문에 간장을 뜻하는 라틴어 '헤파르'에서 이름을 딴 것이다. 후에 소 간장의 결합조직에 비만세포가 많다는 것이 판명되면서 그 헤파린의 유래를 납득할 수 있게 되었다.

비만세포는 헤파린 이외에도 다양한 종류의 점액성물질(글리코사미노글리칸^{Glycosaminoglycan, GAG})을 포함하고 있으며, 이 물질들은 황산기^{黃酸基}나 카르복실기를 가지고 있기 때문에 강한 산성을 띤다. 그리고 염기성 색소에 잘 염색된다.

그 후, 비만세포의 과립이 히스타민(쥐의 경우에는 세로토닌^{Serotonin}도)을 포함, 화분증^{花粉症}(꽃가루 알레르기) 등의 알레르기 반응, 진마진(피부 습진), 벌레에게 물렸을 때에 헤파린과 함께 방출된다는 사실이 밝혀졌다. 일본인 이시자카 기미시게^{石坂公成}와 이시자카 데루코^{石坂照子} 부부(1996)가 발견한 면역글로불린^{ElgE}이, 이 세포의 표면에 부착해 있는데 거기에 꽃가루 등의 알레르기 물질(알레르겐)이 결합하면 이 세포가 흥분해 과립을 방출, 히스타민을 뿌린

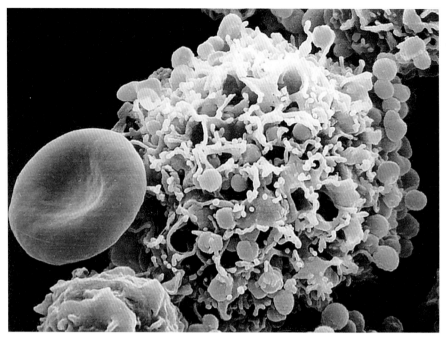

④ 쥐의 복강에서 모은 비만세포에 히스타민 유리제遊離劑를 투여하고 5분 뒤에 주사전자현미경으로 들여다본 사진. 과립이 방출되는 모습이 보인다. 왼쪽에 있는 둥근 것은 적혈구. ×3600

다. 히스타민은 혈관 안의 수분을 이끌어내어 부종을 일으키고 신경을 자극해서 가려움을 유발한다.

쥐의 복강에는 비만세포가 많이 떠다니고 있기 때문에 이 세포를 실험할 때에는 쥐가 자주 이용된다. 복수腹水를 슬라이드글라스 위에 떨어뜨리고 알레르겐이나 알칼로이드 등 히스타민 유리작용이 있는 물질을 투여하면 비만세포가 과립을 방출하는 과정을 관찰할 수 있다(④)

이러한 물질들에 의해 비만세포가 자극을 받으면 우선 세포 주위의 칼슘이온이 세포 안에 갇히고 이것이 도화선이 되어 과립 방출 반응이 진행된다. 이것은 뉴런과도 공통되는 현상이다. 최근 일본의 해부학자 사토佐藤

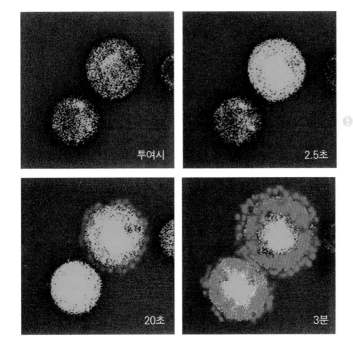

❺ 쥐 복강의 비만세포에 히스타민 유리제를 투여하고, 고성능 레이저현미경으로 들여다본 사진. 세포 안의 칼슘이온 농도는 짙은 녹색으로 나타나 있고 세포 밖으로 방출된 과립은 붉게 빛나는 것처럼 보인다. 자극을 받은 비만세포는 세포 안의 칼슘 농도를 상승시키고, 과립은 방출되어 붉게 물든다. ×700 〈사토 요이치〉 (Arch Histol Cytol 63: 261, 2000)

투여시

2.5초

20초

3분

(2000)는 세포 안의 칼슘이온을 아름답게 염색해서 이온의 움직임과 과립 방출의 시간적인 관계를 눈으로 볼 수 있는 형태로 제시했다(❺). 하지만 아토피 피부나 꽃가루 알레르기가 있는 코의 점막 등에서의 실험에서는 이같은 폭발적인 과립 방출이 발생하는 것은 아니다. 또 그런 상태에서의 비만세포 반응에 대해서는 이론만 앞서 있을 뿐 관찰은 뒤쳐져 있다.

비만세포는 신경아민을 분비하고, 분비과립의 형성이나 방출 과정도 뉴런과 비슷하기 때문에 한때는 신경성 세포가 결합조직으로 잘못 들어간 것이라고 의심하는 사람도 있었지만, 일본의 오사카 대학 교수였던 기타무라 유키히코北村幸彦(1977)는 이식실험을 통하여 골수 줄기세포로부터 발생하는 것이라는 사실을 증명했다.

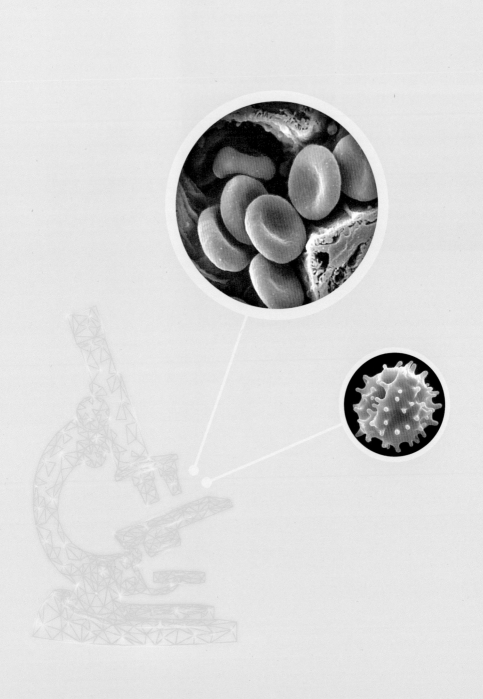

PART

5

운하 도시의 시민

31 핵 없는 세포

생명 유지에 필요한 신진대사를 원활히 하기 위해서는 산소가 반드시 조직 세포로 공급되어야 한다. 이 산소를 우리 몸의 구석구석까지 운반하는 역할을 하는 것이 바로 피 속의 적혈구다.

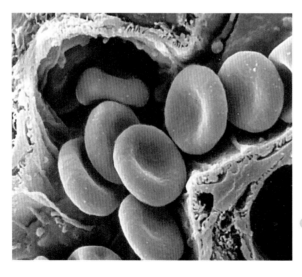

❶ 혈관 안의 적혈구(오렌지색)를 주사전자현미경으로 들여다 본 사진. 쥐. ×2600

적혈구는 몸 안에 존재하는 세포로서는 이례적으로 '핵 없는 세포'다. 양면이 둥글게 패인 원반 모양으로 생겼다는 것도 독특하다(❶). 이런 모양을 유지할 수 있는 이유는, 섬유 모양의 단백 분자가 울타리처럼 세포막 안쪽에서 형태를 지탱해주고 있기 때문이다.

하지만 적혈구라고 해서 모두 핵이 없는 것은 아니다. 포유류를 제외한 나머지 척추동물의 적혈구에는 핵이 있다. 사실, 포유류의 적혈구도 생성 초에는 핵이 있다. 하지만 성숙하면서 퇴화한다. 이처럼 포유류의 적혈구가 핵을 잃고, 몸이 가늘어진데다, 원반 모양으로 산뜻해진 것은 가스를 교환한다는 효율적인 면에서, 또 가느다란 모세혈관을 빠져나가야 한다는 점에서도 큰 진보가 아닐 수 없다.

적혈구는 골수에서 만들어진다. 백혈구와 같은 줄기세포에서 분화되기 때문에 처음에는 무엇이 될지 확실하지 않은, 그저 둥근 모양의 세포였다. 그러다가 적아구^{赤芽球, Normoblast}라고 불리는 단계에 이르면 달걀 프라이처럼 커다란 핵을 가진 모습이 되고(❷, ❸), 이윽고 세포질에 헤모글로빈이 나타나면 분명한 적혈구가 된다.

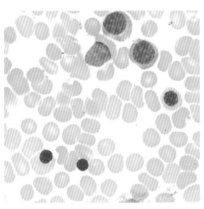

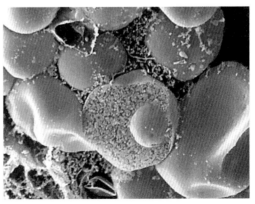

❷ 사람 골수의 도말 표본. 김사염색. 오른쪽 위에는 세 개의 적혈구가, 왼쪽 아래에는 핵이 이탈되는 과정에 있는 적혈구가, 그 오른쪽에는 배출된 핵이 보인다. ×400

❸ 핵이 있는 적혈구를 절단하여 주사전자현미경으로 들여다본 사진. 5개월 된 태아의 혈관 내부. ×2800

적아구는 성숙과정의 어느 단계에서 수십 개의 대식세포(146p 참조)의 보호를 받으면서 자란다(⑤, ⑥). 대식세포는 원래 이물질이나 노화한 세포 등을 잡아먹는 포식세포다. 그렇다면 옛날 이야기에 등장하는 내용처럼, 사람의 아이를 잡아먹는 귀신도 마음에 드는 아이에게는 자기 젖을 물리는 것과 같은 행동을 하는 것

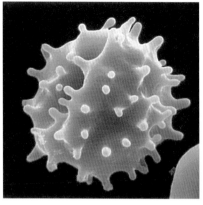

④ 고슴도치처럼 생긴 특이한 모양의 적혈구. 네프로제증후군 Nephrotic syndrome을 앓고 있는 소아의 말초혈末梢血. 주사전자현미경 사진. ×6300

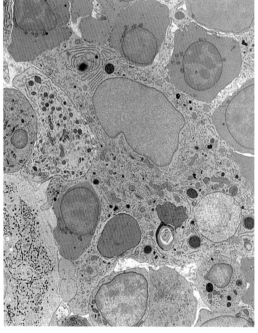

⑤ 적아구와 대식세포를 투과전자현미경으로 들여다본 사진. 대식세포를 청색으로, 적혈구를 오렌지색으로 착색. 일부 적아구(오른쪽 하단)는 대식세포에 둘러싸여 소화되고 있다. 사람의 골수. ×2000

⑥ 적아구와 대식세포를 주사전자현미경으로 들여다본 사진. 대식세포(청색)의 막膜 모양의 돌기가 적아구(오렌지색)를 감싸고 있다. 쥐의 골수. ×1800

일까. 어쨌든, 이 대식세포는 적아구에 직접 접촉하거나 또는 여러 가지 물질(인터루킨1^Interleukin 1 등)을 분비하는 것에 의해 적아구의 생육을 돕고 있다고 알려져 있다. 또 대식세포는 발육이 나쁜 아이는 사정없이 잡아먹는 식으로 솎아낸다.

이같이 살벌한 대식세포의 보호에서 벗어난 적아구는 골수의 혈관으로 다가가는 과정에서 핵을 잃는다. 이때 핵은 모체에서 분리된 갓난아기처럼 배출되어 근처에 있는 대식세포에 의해 처리된다(❼). 세포에는 복주머니의 입구를 조르는 끈 같은 주름이 남으며, 혈관 안으로 분리된 이후에도 한동안 만두 같은 모양을 띠고 있다(❽). 이 상태에서 특별한 염색을 실행하면 색소에 염색되는 그물 모양의 반점이 보이기 때문에 망상적혈구^網狀赤血球, Reticulocyte라고 부른다. 적혈구가 성숙하면 그와 함께 세포의 골격이 형성되고, 한 단계 진화하여 만두 모양에서 얄팍한 원반 모양으로 바뀐다.

한편 유전성 질병으로서 적혈구가 이상한 모양을 보이는 경우가 있다. 낫 모양, 타원형, 구상적혈구증 등이다(❾). 또 후천적으로 적혈구의 일부가 기묘한 변형을 보이는 경우도 있다(❹). 이런 식으로 이상한 모양을 가진 세포를 세포골격의 분자 수준에서 연구한다면, 유전자 – 단백질 – 세포 형태의 인과관계를 알 수 있을지도 모른다.

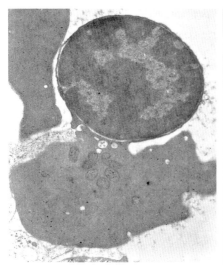

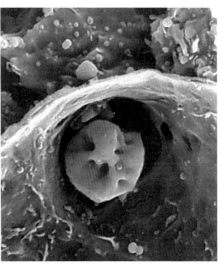

❼ 핵이 배출되고 있는 적혈구. 사람의 골수를 투
과전자현미경으로 들여다본 사진. ×6000

❽ 골수의 망상적혈구가 혈관 속에서 빠져나오려
하고 있다. 주사전자현미경 사진. 쥐. ×2500

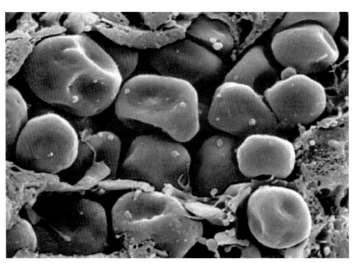

❾ 구상적혈구증 spherocytosis에 걸린 소아의 적혈구가 비장 안에 가득 차 있다. 주
사전자현미경 사진. ×2000

32 파스타 요리의 거장

골수에는 다른 세포보다 한층 더 큰 세포가 살고 있는데, 핵이 거대하기 때문에 거핵세포라고 부른다(②). 그 세포질이 조각나서 만들어지는 것이 혈액을 응고시키는 데에 반드시 필요한 혈소판이다. 지금은 의학의 상식이라고 말할 수 있는 이 사실을 처음 발견한 사람은 미국의 병리학자 라이트[JH. Wright](1906)였다.

당시에는 혈소판의 유래에 대한 여러 가지 논쟁이 이루어지고 있었는데, 어떤 연구자는 혈소판이 백혈구나 적혈구가 끊어진 조각이라고 주장했다. 그리고 어떤 연구자는 그와는 반대로 혈소판이 모여 적혈구가 만들어진다고 생각했다. 나아가, 혈소판은 혈액의 알부민이 침전된 것이라고 생각하는 사람까지 있었다. 하지만 거핵세포와의 관계를 이야기하는 사람은 아무도 없었다.

라이트는 혈액 안의 말라리아 원충을 염색하기 위해 염색액을 만드는 데

열중하던 과정에서 오늘날까지 '라이트액'으로써 혈액 염색에 애용되고 있는 염색액을 만들어내게 된다(1902).

이 염색액에 의해 혈소판 안에 있는 과립이 염색된다는 사실을 깨달은 라이트는 얼마 후, 골수의 거핵세포 안에도 이와 같은 과립이 염색된다는 것을 알았다. 그 뿐만 아니다. 거핵세포에서는 끈 같은 돌기가 몇 개나 혈관 안으로 뻗어 나와 있고 그 돌기 안에도 과립이 채워져 있다(❶). 이 끈은 부풀어오른 부분도 있고 가느다란 부분도 있는데, 가느다란 부분이 끊어지면서 혈소판이 되는 것처럼 보였다. 그래서 라이트는 거핵세포에서 혈소판이 만들어진다고 생각하게 되었다.

라이트의 연구로부터 반세기 이후, 투과전자현미경을 이용해 거핵세포의 세포질 안에서 혈소판과 같은 과립을 확인하였다. 그리고 1950년대에 일본의 규슈^{九州} 대학에서 미국으로 유학을 간 야마다 에이치^{山前英知}(후에 규슈

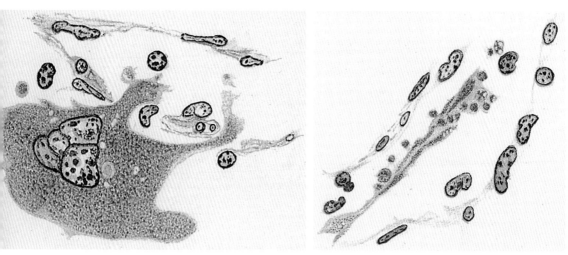

❶ 라이트의 논문에서(쥐의 골수). 왼쪽 : 혈관 안으로 세포의 돌기를 내뻗고 있는 거핵세포. 오른쪽 : 혈관 안에 보이는 거핵세포의 끈 모양의 돌기와 그 조각(Wright JH : J Morphol 21 : 263~178. 1910).

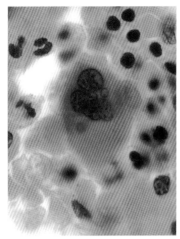

❷ 사람의 골수에 있는 거핵세포를 광학
현미경으로 관찰한 사진. HE. ×700

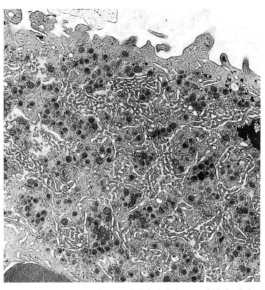

❸ 거핵세포의 세포질을 투과전자현미경으로 관찰한 사진. 운
하 같은 분리막. 그리고 다수의 과립이 보인다. 이 표본은
저자(우시키 다쓰오)의 흉골에서 채취했다. ×4800

대학, 도쿄 대학 교수)는 거핵세포의 세포막에 운하 같은 막 모양의 구조가 연
속적으로 세포질 안으로 뻗어 있다가 세포질이 혈소판 정도의 크기로 끊어
진다는 사실을 발견했다(1957)(❸). 야마다의 소견은 많은 연구자들의 인정
을 받게 되었고, 거핵세포가 분리막에 의해 따로 분해되는 것으로 인해 혈
소판이 형성된다고 생각하기에 이르렀다. 이 사고방식을 토대로 생각하면,
거핵세포의 세포질이 혈소판으로 분해된 이후 혈관 안으로 보내진다는 의
미가 된다. 따라서 혈관 안으로 뻗어 나온 돌기가 토막이 나듯 끊어진다는
라이트의 생각과는 대조적이다.

주사전자현미경으로 골수를 관찰해 보면 놀랍게도 혈관 안에서 끈 모양
의 수많은 돌기를 볼 수 있는데(❹, ❺), 자세히 조사해보면 이것은 거핵세

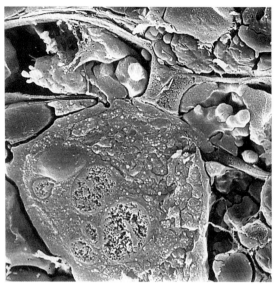

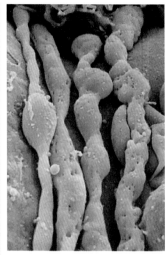

⑤ 혈관 안으로 뻗어 나온 거핵세포의 돌기. 쥐의 골수. ×2000(이와나가 히로미)

④ 혈관 안으로 돌기를 뻗고 있는 거핵세포(황색으로 착색). 단면에는 핵과 분리막이 보인다. 쥐의 골수. ×1600(이와나가 히로미)

포가 세포질의 돌기를 혈관 안으로 밀어 넣은 것으로, 그 모습은 라이트가 80년 전에 그린 그림과 똑같다. 돌기는 염주처럼 연결되어 있다가 잘록한 부분이 끊어지면서 혈소판이 만들어지는 것처럼 보인다.

아마 라이트가 생각한 것처럼 혈소판은 이 끈 모양의 돌기로부터 만들어지는 듯하다. 세포의 체내에서 볼 수 있었던 분리막은 거핵세포가 긴 돌기를 뻗을 때에 필요한 세포막을 미리 만들어 저장해두고 있는 모습이라고 생각할 수 있다. 그렇다면, 야마다의 '처음에 분리막이 형성된다'는 소견과 라이트와 우리들의 '끈이 만들어진 이후에 끊어지듯 혈소판이 만들어진다'는 소견을 모두 적용할 수 있다.

완성된 혈소판은 바둑알 모양을 하고 있다(⑥). 물론, 세포질의 조각이니

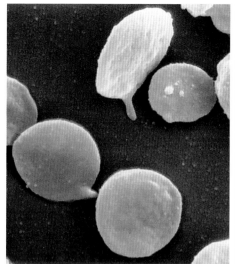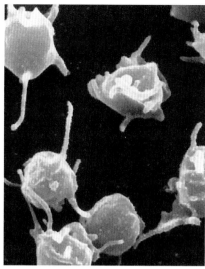

⑥ 사람의 혈소판을 주사전자현미경으로 관찰한 사진. 왼쪽은 평온한 상태. 오른쪽은 자극을 받아 뿔을 내뻗고 있는 상태. ×4800 (핫토리 아키라服部晃)

까 핵도 없다. 혈소판은 기계적, 화학적 자극을 받으면 가느다란 돌기를 뻗어 응집한다. 동시에 지혈에 필요한 여러 종류의 물질을 방출하며 혈관의 내면이 파손되면 혈소판이 결손 부위에 달라붙어 회복시키는 데 공헌한다. 이렇게 활발하고 충실한 활동을 하는 혈소판은 비록 크기가 작고 핵이 없다고 해도 분명한 세포다.

33 모든 것이 살아 있다

내피세포

성인의 혈관은 그 길이를 모두 더하면 9만 킬로미터를 넘는다는 설도 있고, 6천 킬로미터 정도라는 설도 있다. 어쨌든 엄청나게 긴 것은 분명한 사실이다. 이 혈관의 내면을 덮고 있는 것이 내피세포인데, 현미경으로 보아도 얄팍하고 볼품이 없다. 절편을 만들어서 관찰해도 털처럼 가늘어 보이

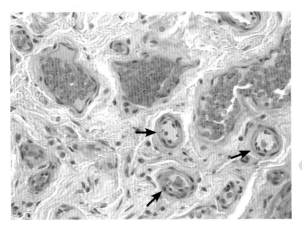

❶ 소동맥小動脈(화살표) 소정맥小靜脈 (적혈구가 가득 채워져 있는 것)과 모세혈관(작은 관)의 단면. 사람의 소장. HE. ×200

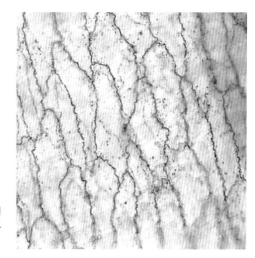

❷ 초산은으로 세포의 경계가 검게 염색된 정맥 내피를 광학현미경으로 관찰한 사진. 생쥐의 장간막腸間膜. ×300

고, 핵만 짙게 염색되어 보인다(❶). 그러나 혈관에 초산은硝酸銀의 액을 주입한 표본을 약간 두껍게 잘라서 관찰해 보면, 은의 입자가 이웃해 있는 내피세포의 틈새로 들어가 내피세포의 윤곽이 드러난다(❷). 마치 혈관에 평평한 돌을 깔아놓은 듯한 모습이다.

이제는 주사전자현미경의 발달로, 내피세포의 모습은 수염이나 마마자국까지 분명하게 볼 수 있게 되었다. 일반적으로 내피세포는 중앙의 핵이 있는 부분이 돔처럼 부풀어올라 있고, 세포의 변연부邊緣部에는 협곡 같은 주름이 자라 있다(❸). 내피세포는 이 주름 부분에서 이웃해 있는 세포와 단단하게 결합되어 있다.

한편, 모세혈관에서는 혈관과 조직 사이에서 내피세포가 어떤 물질을 통과시키는지가 매우 중요한 문제다. 내피세포 사이는 확실하게 닫혀 있어 거대한 분자가 통과할 수 있는 틈이 없다. 때문에 이 물질들은 나름대로의 방법을 구사해서 내피세포의 내부를 빠져나가게 된다. 투과전자현미경으

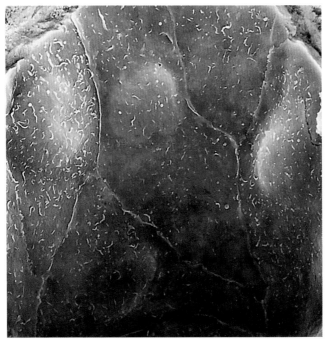

③ 정맥의 내면을 주사전자현미경으로 관찰한 사진. 내피세포의 경계가 세포 변연부를 달리는 주름에 의해 뚜렷하게 보인다. 세포 표면에는 미세융모가 이곳저곳에 자라 있다. 사람. ×1300

로 내피를 관찰하면 세포 안에 소포^{小胞}가 있고, 그 일부는 세포막에 달라붙어 있는 것처럼 보인다. 미국의 세포생물학자 파라데는 혈관에 주입한 트레이서^{tracer}(전자현미경으로 보이는 고분자 물질)가 일단 모세혈관 내피의 소포 안으로 들어갔다가 혈관 바깥에 나타난다고 보고했다(1960). 이런 소견에 의해 내피세포는 혈관 안의 물질을 소포로 삼킨 이후에 소포와 함께 혈관 밖으로 수송한다고 생각하는 학자가 많다.

하지만 일본의 니가타^{新潟} 대학 고바야시 시게루^{小林繁}(후에 나고야 대학 교수)는 이 '소포'가 사실은 구부러져 있는 터널에 해당하며 직접 내피의 안팎을

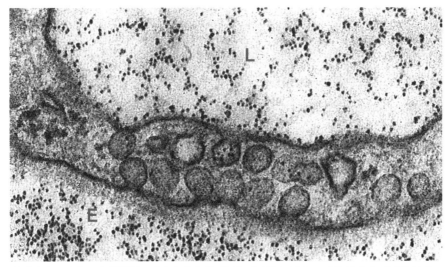

④ 생쥐의 동맥에 고정액^{固定液}을, 이어서 페리틴^{ferritin}을 주사했다. 죽은 조직을 통해서, 페리틴 분자(흑색 입자)가 모세혈관의 내강^{內腔}(L)으로부터 소포^{小胞}(사실은 통로)를 거쳐 혈관 바깥(E)으로 옮겨간다는 사실을 증명했다. ×54000 (Kobatyashi S: Arch Histol Jap. 32: 81~86. 1970)

연결하는 '통로'라고 주장했다(1970). 혈관에 고정액을 흘려 넣고 잠시 후 트레이서를 주입한 다음 전자현미경으로 관찰하자 '소포' 안과 혈관 바깥에서 트레이서를 관찰할 수 있었던 것이다(④).

한편, 물질의 교통이 격렬하게 이루어지는 내분비 기관이나 신사구체의 모세혈관에서는 내피에 수많은 창문이 열려 있다(⑤). 여기에서는 꽤 자유롭게 혈액과 조직 사이의 물질교환이 이루어지며, 간장에서는 크고 작은 다양한 구멍들이 소쿠리처럼 뚫려 있다(⑥).

최근에 이 얇은 내피세포로부터 다양한 물질이 분비된다는 사실이 밝혀졌다. 일본 쓰쿠바^{筑波} 대학의 야나기사와 마사시^{柳澤正史}(현재 텍사스 대학)가 발견한 엔도셀린^{Endothelin}(1988)은 내피세포가 분비하는 펩타이드로, 혈관의 평활근을 수축시킨다는 점에서 주목을 받고 있다. 한편, 내피가 방출하

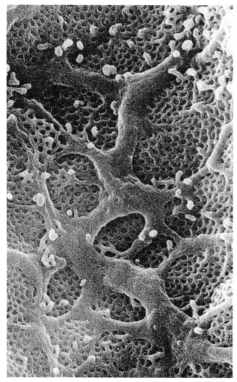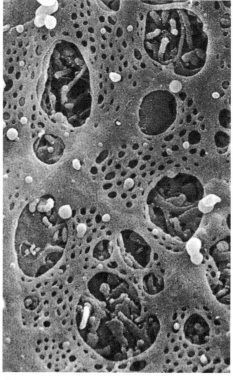

❺ 창문이 열려 있는 내피의 내면을 주사전자
현미경으로 관찰한 사진. 신사구체의 모세혈
관. 체 모양의 판이 그물 같은 세포질에 의
해 지탱되고 있다. 쥐. ×7300

❻ 간장의 넓은 모세혈관. 크고 작은 불규칙적인 창문
너머에 간세포의 '수염'이 보인다. 쥐. ×4000

는 일산화질소는 평활근의 이완활동을 일으킨다. 또한 혈소판의 접착을 억
제하는 물질(프로스타사이클린^{Prostacyclin})과 백혈구의 접착과 관련된 물질(셀
렉틴^{Selectin}) 등을 분비하며 내피세포는 내분비세포 못지않은 활약을 보이고
있다.

물론, 모든 내피가 같은 능력을 가지고 있는 것은 아니기 때문에 각 장기
의 혈류 조절구조를 이해하려면 앞으로 그런 차이를 밝혀내야 할 것이다

34 건너편의 강도 내 구역이다

모세혈관은 한 층의 내피세포로 이루어져 있다. 내피의 외부 여기저기에 다른 세포가 존재한다는 사실을 처음으로 발견한 사람은 프랑스의 생리학 자 루제(1873)다. 개구리 눈의 모세혈관에서 나뭇가지 모양의 돌기를 뻗어 서로 얽혀 있는 세포를 발견한 그는 그것이 모세혈관을 수축시킨다고 생각 했다. 하지만 이 세포는 보통의 광학현미경 표본으로는 핵 정도밖에 보이 지 않았기 때문에 당시에는 더 이상의 진전이 없었다.

그로부터 수십 년 후, 은 염색을 이용하여 포유류의 모세혈관에서 같은 세포를 염색한 학자가 나타났다. 신사구체의 문어발세포의 모습을 같은 은 염색으로 밝혀낸 스위스의 짐메르만(80p 참조)이다. 그가 1923년에 발표한 〈모세혈관의 미세구조〉라는 논문은 80p에 이르는 본문에 2백여 장 정도 의 그림을 추가한 것으로 37년 동안의 관찰을 모두 기록해 놓은 내용이다 (❶, ❷).

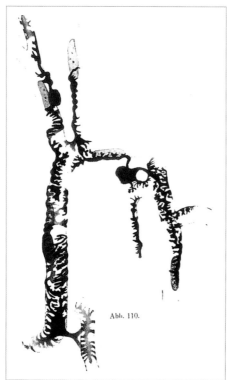

Abb. 110.

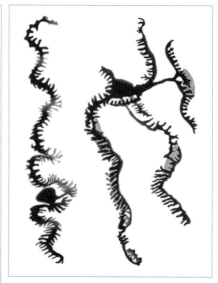

❶ 왼쪽 : 짐메르만의 그림. 사람의 심근心筋을 은
염색한 것. 한 개의 주피세포가 두 개 이상의
모세혈관과 얽히는 경우는 없다(Zimmermann
KW : Z Anat Entw Gesch 68 : 29~109. 1923).

❷ 오른쪽 : 짐메르만이 그린 주피세포. ❶과 같
은 논문에서.

이 논문에서 은 염색으로 염색되는 모세혈관 주위의 세포를 주피세포
Pericyten('둘러싸는 세포'라는 뜻. '주세포'라고도 함)라고 이름 붙였다. 그가 그린
세포의 모습은 지금 보아도 신기한 느낌을 주는데, 당시에는 꽤나 당돌하
고 괴이하게 보였는지 루제의 세포 이상으로 받아들여지지 않았다.

주피세포가 모세혈관 주위에 존재한다는 것은 투과전자현미경이 사용되
기 시작한 1950년대에 확인되었다. 그러나 혈관을 얇게 자른 표본을 전자
현미경으로 관찰한 것만으로는(❸), 짐메르만의 업적이 얼마나 훌륭한 것
인지 그 진가를 헤아리기는 어렵다.

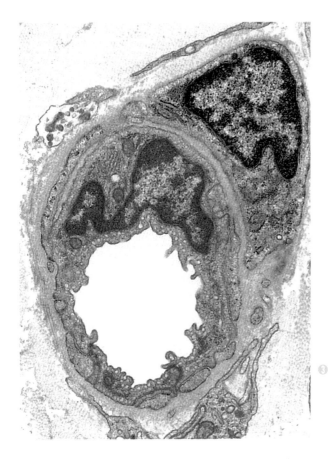

❸ 모세혈관의 횡단면을 투과전자현미경으로 관찰한 사진. 주피세포와 그 돌기(황색으로 착색)가 내피세포를 감싸고 있다. 쥐의 설근舌筋. ×8300

　오랫동안 잊혀져 있던 짐메르만의 논문이 각광을 받기 시작한 것은 일본 구루메久留米 대학 교수였던 무라카미 마사히村上正浩 그룹이 주사전자현미경으로 주피세포를 직접 관찰하는 데 성공(1979)한 이후부터다. 혈관의 장축長軸을 따라 뻗어 있는 길다란 1차 돌기와 그곳에서부터 옆으로 뻗어 있는 2차 돌기가 만드는 양치식물의 잎 같은 정교한 모습은 은 염색을 통해 나타났던 모습 그대로다(❹). 그리고 모세혈관으로부터 몸을 옮겨 두 개의 혈관에 얽히듯 돌기를 내뻗고 있는 주피세포 등은 관찰을 하면 할수

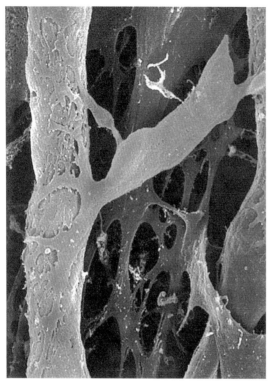
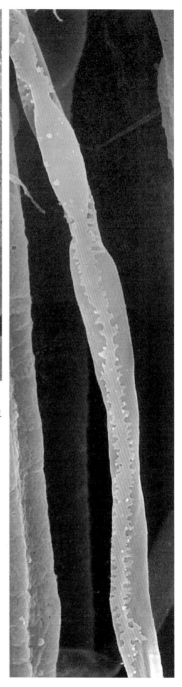

④ 주피세포(황색)를 주사전자현미경으로 관찰한 사진.

위 : 두 개의 모세혈관에 얽혀 있는 주피세포. 쥐. 소장융모
小腸絨毛의 조직.

오른쪽 : 길게 뻗어 있는 주피세포. 쥐의 설근. ×2000

록 짐메르만의 기록이 얼마나 정확한 것이
었는지를 깨닫게 한다.

　짐메르만도 기록했듯, 주피세포는 동맥
의 평활근세포로부터 뻗어 나와 있다(⑤).
평활근과 마찬가지로 액틴과 미오신을 가
지고 있다는 점에서도 이 세포가 평활근세

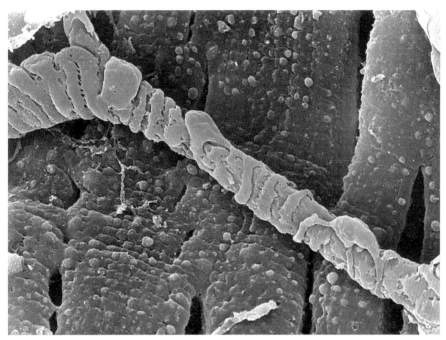

🔵 리 모양의 평활근(왼쪽)이 전형적인 주피세포(오른쪽)로 옮겨가는 모습을 나타내는 주사전자현미경 사진. 원숭이의 심장 ×1700

포와 형제라는 사실을 상상할 수 있다. 그래서 이 세포에 수축성이 있으며 모세혈관을 수축시켜 조직으로 공급하는 혈액(산소)을 조절한다고 추측하는 학자도 적지 않다.

한편, 당뇨병으로 인한 망막증에 의해 주피세포가 사라지면 혈관내피가 증식한다는 보고가 있다. 주피세포가 혈관의 신생을 억제하는 작용을 한다고 생각하는 학자도 있다. 또 주피세포를 일종의 미분화된 세포라고 생각하여 여기에서부터 평활근세포가 분화되는 것이라고 주장하는 사람도 있다.

주피세포의 활동은 생각보다 매우 복잡하고 혈관과 관계가 있는 다양한 질병에 관련되어 있다는 사실이 밝혀지면서, 그 존재가 더욱 중요한 취급을 받게 되었다.

35 나풀거리는 드레스

일본인의 이름을 딴 세포는 보기 드물다. 이토 도시오^{伊東俊夫}(1904~1991)는 군마^{群馬} 대학과 데이쿄^{帝京} 대학에서 오랫동안 해부학 교수로 일했다. 전

❶ 위 : 이토 도시오^{伊東俊夫}

왼쪽 : 이토가 광학현미경을 사용하여 간장 절편을 스케치한 그림. '지방섭취세포'의 지방 방울이 오스뮴에 의해 검게 염색 되어 있다

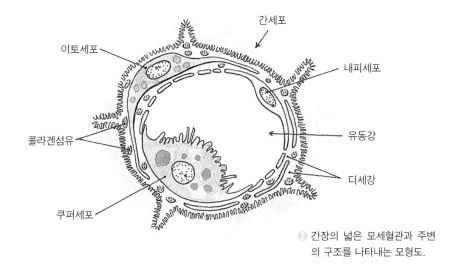

이토세포

간세포

콜라겐섬유

내피세포

유동강

디세강

쿠퍼세포

❷ 간장의 넓은 모세혈관과 주변
의 구조를 나타내는 모형도.

쟁 이후 생활이 궁핍했던 시절 이토는 조직표본을 고정하기 위해 오스뮴산
osmium酸을 사용했는데, 이것은 당시나 지금이나 변함 없이 1그램에 약 만
엔이나 하는 값비싼 약품이다. 바로 이런 경제적인 여유와 면밀한 관찰력
이 이토에게 행운을 안겨주었다. 이토는 간장에서 오스뮴에 의해 검게 염
색되는 지방 방울을 가진 세포를 발견하여 '지방섭취세포'라는 이름을 붙
였는데 1950년의 일이었다(❶).

간세포와 모세혈관 사이에는 디세강이라는 틈이 있다. 지방섭취세포는
이 틈 안에 있었다(❷). 모세혈관 안에 깃들어 있으면서 이물질을 잡아먹는
쿠퍼세포(144p 참조)와는 분명히 다른 위치였다.

한편, 폴 나카네 가즈호中根一穗는 조직 안의 비타민 A를 연구하던 도중, 자
외선을 비추면 형광을 발하던 비타민 A가 간소엽肝小葉에 존재하는 소형 세
포에 포함된다는(❸) 사실을 발견하였다. 그리고 그것이 이토가 보고한 '지

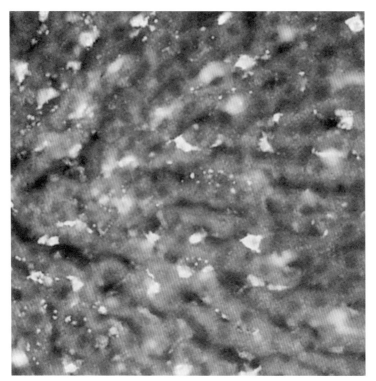

❸ 이토세포가 저장하고 있는 비타민 A를 형광현미경으로 들여다본 사진. 쥐에게 20 일 동안 비타민 A를 투여한 이후의 표본. (구스모토 요시스케楠元芳典)

방섭취세포'에 해당한다는 사실을 깨달았다(1963).

그 후 많은 사람들의 연구를 통해서 비타민 A를 섭취하고 저장하는 것이 이토세포의 특성이라는 판명이 났다. 이토세포 안에 있는 지방 방울은 지용성脂溶性 비타민 A를 저장하기 위해 존재하는 것으로, 동물에게 대량의 비타민 A를 먹이면 이토세포의 지방 방울의 수가 증가한다(❹).

해외학자들 사이에서도 이토세포Ito cell의 명칭이 정착되기 시작하였을 무렵, 이토가 처음으로 이토세포를 발견한 것이 아님을 알게 되었다. 1876

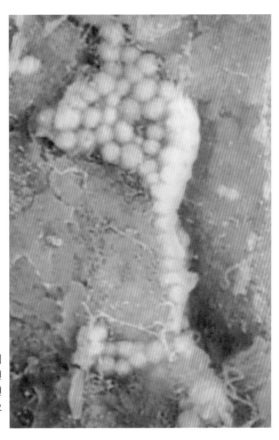

비타민 A를 대량으로 투여한 쥐의 이토세포. 반사전자反射電子와 이차전자二次電子의 모습을 겹친 주사전자현미경 사진. 지방 방울을 오렌지색으로 표현했다. ×1500

년 독일의 쿠퍼가 금 염색을 통해 발견해 '성상세포'라는 이름으로 보고한 것이 먼저라는 주장이 나온 것이다. 1981년 오사카 시립대학의 해부학 조교수였던 와키 켄지로(후에 도쿄 의치과 대학 교수)가 쿠퍼의 금 염색을 재현해보았더니 염색되어 나온 성상세포()는 이토의 '지방섭취세포'와 같다는 것을 알게 되었다.

　와케의 논문을 보면 그 주장이 옳다는 것은 명백하다. 그러나 쿠퍼는 학회에서 식작용이라는 현상이 붐처럼 일어나자, 경솔하게도(혹은 고의로) 외

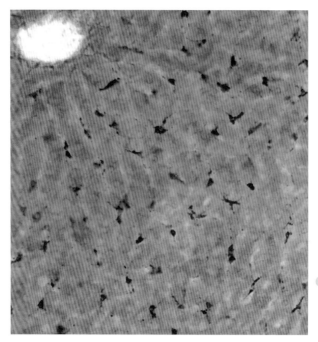

⑤ 쿠퍼가 금 염색으로 발견했던 성상세포. 즉 현재의 이토세포. 주. (와키 켄지로) ×300

부유동에서 발견한 이 세포를 내부유동인 쿠퍼세포라고 갈아탔던 것이다. 이런 실책(변절?)으로 인해 쿠퍼세포라고 하면 내부유동의 식세포를 가리키며, 외부유동의 성상세포는 '이토세포'라는 이름으로 불리는 것이 타당하다고 생각한다.

주사전자현미경으로 들여다보면, 이토세포가 나풀거리는 듯한 돌기를 디세강 안으로 복잡하게 뻗고 있다는 사실을 확인할 수 있다(⑥). 이 돌기의 역할에 대해서는 앞으로 많은 연구가 이루어져야 한다.

이토세포는 간소엽 안에서 콜라겐섬유를 생산하는 유일한 세포로, 두부처럼 부드러운 간장이 그 형태를 유지할 수 있는 이유는 이 세포와 섬유 덕분이다. 그리고 간경변이 발생하면 이 세포가 만든 콜라겐섬유가 간소엽

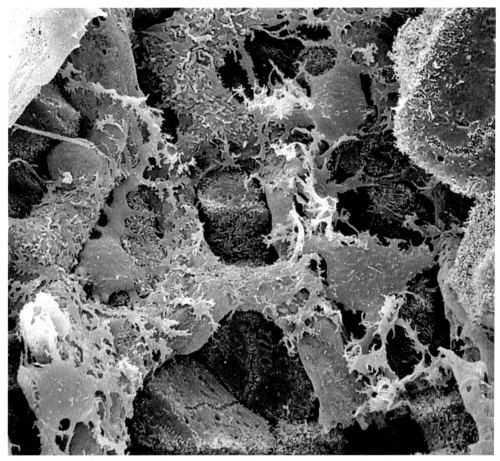

⑥ 이토세포의 모습을 주사전자현미경으로 관찰한 사진. 채색된 네 개의 세포가 '거주하는 장소'를 보여준다. 주사위 모양의 간세포와 기둥 모양의 모세혈관. 쥐의 간장을 염산으로 처리하여 결합조직을 제거했다. 쥐. ×1200

을 메운다.

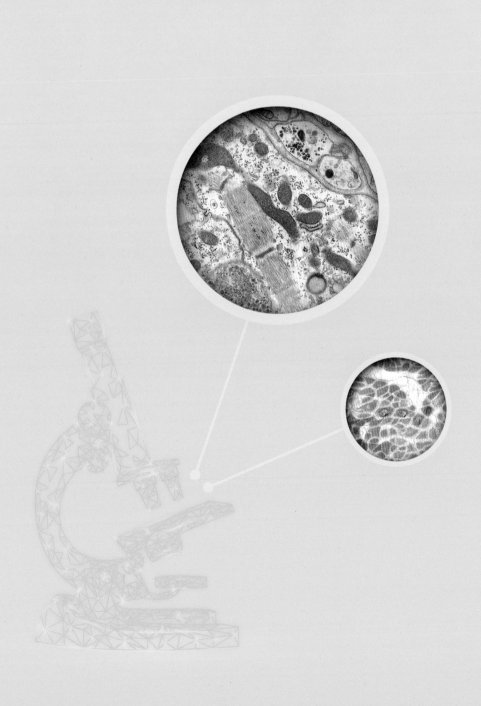

엘리트 스포츠 선수

36 등에 짊어지고 있는 수많은 항아리들

평활근세포

순대국집에서 말하는 '애기보'는 돼지 자궁을 가리키는 것으로, 이것은 평활근^{平滑筋}으로 이루어져 있다. 애기보를 먹을 때마다 평활근과 골격근은 맛이 매우 다르다는 느낌을 받는데, 맛뿐 아니라 그 세밀한 모습이나 구조에서도 평활근세포와 골격근세포는 상당한 차이를 보인다.

평활근세포는 골격근세포와 비교하면 매우 작기 때문에 현미경을 통해서 세포 한 개의 모양을 확인하기는 어렵다. 그 때문에 과거에는 신선한 조직을 수산화칼륨이나 초산에 담가 부드러워진 다음에 바늘로 후벼파서 관찰했다. 이 방법에 의하면 평활근은 양쪽 끝이 뾰족한 끈 같은 작은 세포들이 모여 있는 집단처럼 보인다. 한편, 평활근세포가 세포간교^{細胞間橋,} Intercellular bridge로 연결되어 합포체^{合胞體, Syncytia}를 이룬다는 의견도 제기되었다. 한 무리의 평활근세포가 서로 동조하여 수축하거나 세포간을 연결하는 가시가 보이기 때문이다(①). 이 평활근세포가 합포체가 아니라 한 개씩 독

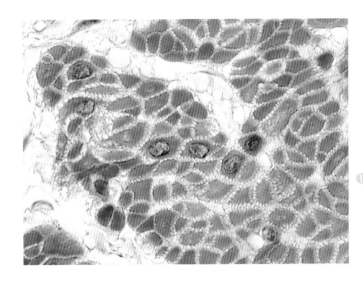

❶가로로 자른 방광 평활근의 광학현미경 사진. 수많은 가시 모양의 '세포간교'가 보인다. 모르모트. MG. ×600

립된 세포로 이루어져 있다는 결론이 난 것은 1950년대 이후의 투과전자 현미경을 이용한 연구에 의해서다.

그리고 지금은 알칼리 등의 약품을 이용하여 결합조직만을 제거, 완전한 벌거숭이가 된 평활근세포를 주사전자현미경으로 관찰할 수 있게 되었다. 이렇게 해서 보면 송곳 모양이나 끈 모양의 평활근세포의 모습을 확인할 수 있다. 또, 그 길이나 형태는 기관에 따라 상당한 차이를 보인다(❷, ❸).

평활근의 표면에는 규칙적인 세로 방면의 융기가 보이는 경우가 많다. 이 부분을 자세히 들여다보면 문어를 잡을 때 사용하는 작은 항아리처럼 생긴 수많은 웅덩이가 열을 이루고 있다(❹). 이 웅덩이는 세포막의 흥분을 내부로 빨리 전달하기 위한 장치로 여겨진다. 한편, 이 항아리의 열과 열 사이에는 세포막을 보강하는 물질로 이루어진 띠가 달라붙어 있고 액틴필라멘트의 발판이 되어 있는데, 이 발판은 세포의 내부에도 섬처럼 존재한다. 그리고 액틴필라멘트 사이에 미오신이 들어가 '근^筋 필라멘트 망^網'이

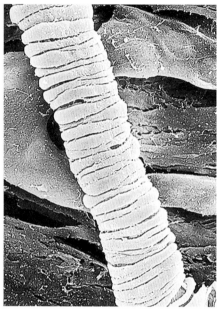

❷ 평활근세포를 주사전자현미경으로 들여다본 사　❸ 소동맥을 둘러싸고 있는 평활근세포. 쥐의 소장.
진. 쥐의 소장. ×350　　　　　　　　　　　　　×450

만들어진다. 이 '근 필라멘트 망'이 세포 안의 칼슘 증가에 따라 수축한다. 그러나 골격근이나 심근처럼 질서정연하게 배열된 근원섬유筋原纖維는 가지고 있지 않으며, 액틴과 미오신의 움직임도 신속하지 않기 때문에 평활근의 수축은 꿈틀거리는 듯한 움직임을 보인다.

평활근세포는 도처에서 이웃해 있는 평활근세포를 향하여 손가락 모양의 돌기를 내뻗고 있다(❺). 이 돌기 중 몇 개는 세포 사이에서 갭결합을 만들어 이웃해 있는 근세포끼리 직접 정보를 전달할 수 있도록 만들어준다. 따라서 한 개의 평활근세포의 흥분은 잇달아 이웃해 있는 평활근에 전달되고 서로 동조하여 수축을 일으킨다. 일찍이 평활근세포가 합포체라고 여겨졌던 이유는 평활근의 이런 활동 모습을 보았기 때문이다.

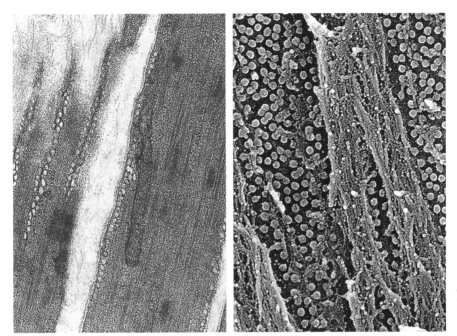

● 왼쪽 : 평활근을 세로로 자른 단면을 투과전자현미경으로 관찰한 사진. 소포^{小胞} 모양의 항아리들이 줄지어 늘어서 있는 모습이 보인다. ×12000^(와카하라 다쿠和原卓) 오른쪽 : 평활근을 찢어서 항아리를 뒷면^(세포 안쪽)에서 관찰한 사진. 주사전자현미경. ×25000. 두 그림 모두 고양이의 소장의 윤주근^{輪走筋}

따라서 소화관^{消化管}이나 자궁의 평활근에서는 평활근세포가 따로 신경 지배를 받는 것이 아니라 소수의 평활근세포만이 신경과 접촉하여 그 흥분이 갭결합에 의해 잇달아 전달되는 것이다. 그러나 그 소수의 평활근세포도 골격근세포처럼 운동종판^{運動終板}을 만드는 것은 아니고 자율신경의 종말섬유^{終末纖維}가 그물을 씌우듯 분포하여, 그곳으로부터 전달물질(아세틸콜린^{actylcholine}이나 노르아드레날린^{noradrenaline})이 뿌려진다. 물론 홍채^{虹彩}나 정관^{精管} 같은 특정 장소에서 신경지배는 보다 세밀하게 이루어져서, 신경이 하나 하나의 평활근세포에 정확하게 도달한다.

한편, 평활근 자체에 스스로 움직이는 능력이 있다는 보고도 제출되

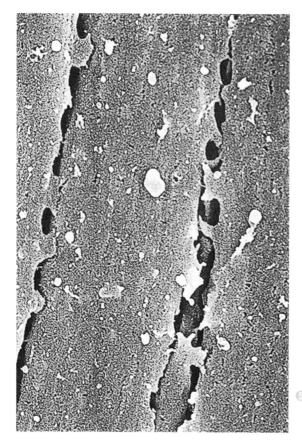

⑥ 평활근세포 사이를 연결하는 손
가락 모양의 돌기. 쥐의 소장의
윤주근. ×3800

었다. 위장의 혈액을 간장으로 보내는 문맥$^{Portal\ vein}$의 벽 일부가 그 예
인데, 생쥐의 문맥이 간장으로 들어가는 부분을 잘라내어 실체현미경
으로 들여다보면 한동안 꿈틀거리면서 리드미컬한 수축현상을 보인다.
이 부분에서 신경의 분포를 거의 찾아볼 수 없기 때문에 평활근세포가
자극전도계^{刺戟傳導系}의 근세포(224p 참조)처럼 스스로 박동하고 있다고 생각
할 수밖에 없다.

37 베일에 가려진 천하장사

소변을 만드는 신사구체는 요컨대 모세혈관의 집합체라고 말할 수 있다. 이 혈관 안쪽의 벽은 수많은 구멍이 뚫린 내피세포로 이루어져 있고, 바깥 쪽은 양치식물의 잎 같은 문어발세포의 돌기로 싸여 있다(80p 참조).

그리고 이 두 종류의 세포 이외에 혈관 틈새의 결합조직 안에 제3의 세 포가 숨어 있다. 그것이 '메산지움세포'라는 어려운 이름의 세포다(①).

이 세포를 발견한 사람은 스위스의 해부학자 트윈메르만(1929)이다. 그 는 결합조직이 사구체가 붙어 있는 부분(혈관극血管極)으로부터 혈관을 따라 사구체로 들어가서 가지가 뻗듯 구석구석의 모세혈관 벽에 도달한다는 사 실을 기재하고 '메산지움'이라고 이름 붙였다. 메산지움은 meso(사이)와 angium(혈관)이라는 말이 합성된 것으로 '혈관 사이의 막' 즉 '혈관긴막'을 의미한다. 사구체 모세혈관의 루프를 혈관극에 연결하는 막 모양의 결합조 직을 장의 루프로 향하는 장간막mesenterium에 비유하여 붙인 이름이다. 그

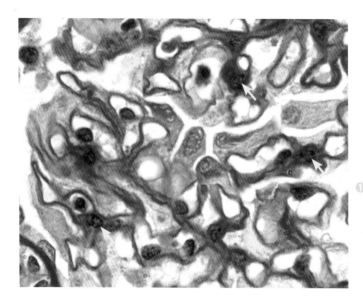

❶ 쥐의 사구체를 광학현미경으로 들여다본 사진. PAS반응으로 혈관기저막과 메산지움세포(화살표)가 붉게 염색되어 있다. ×630

리고 이 결합조직 안에 묻혀 있는 세포를 '메산지움세포'라고 부른다.

투과전자현미경으로 사구체를 들여다보면 메산지움세포의 돌기가 모세혈관으로 뻗어 혈관내피와 직접 접촉, 때로는 얽혀 있는 모습을 확인할 수 있다(❷). 투과전자현미경에 나타난 이런 모습에서 메산지움세포가 사구체의 모세혈관을 안쪽으로 견인하고 있으며, 메산지움세포의 지원이 없으면 사구체의 모세혈관은 형태를 유지하지 못하고 뿔뿔이 흩어져 버릴 것이라고 생각하는 사람도 있다(사카이 다테오坂井建雄 1987).

메산지움세포의 정체에 대해서도 몇 가지 견해가 있는데, 평활근세포의 변형이라고 보는 것이 점차 지배적인 견해로 자리를 잡아가고 있다. 많은 연구자들이 소동맥 벽의 평활근세포가 사구체로 들어감에 따라 모양을 바꾸고 메산지움세포로 이행된다는 사실을 지적하고 있다. 메산지움세포가 수축성 단백질의 미오신과 평활근의 액틴을 함유하고 있다는 사실도 면역

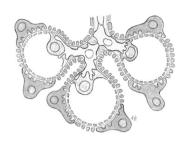

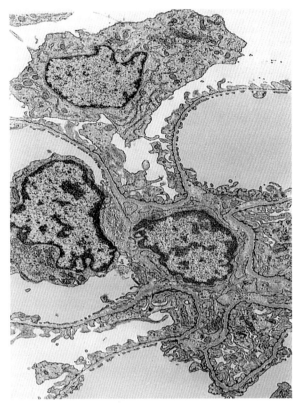

❷ 사구체에서의 메산지움세포의 위치.
위: 모형도. 오른쪽: 투과전자현미경
으로 들여다본 사진. 메산지움세포를
황색으로, 모세혈관과 내피세포를 핑
크로, 문어발세포를 녹색으로 착색.
쥐. ×5500

염색에 의해 증명되었다. 또 배양한 메산지움세포가 안지오텐신angiotensin이
나 바소프레신vasopressin에 반응하여 수축하는 모습도 관찰되었고, 메산지움
세포끼리 갭결합으로 연결되어 전체가 하나의 세포처럼 활동한다는 사실
도 밝혀졌다. 그런 이유에서 이 세포가 수축에 의해 사구체의 혈류량을 조
절하고, 신장에서 소변을 만드는 기능과 깊은 관련이 있다고 생각하는 학
자가 많다.

그리고 이 사구체의 결합조직성 기질을 알칼리로 녹여 없애고 이 세포의
벌거벗은 모습을 주사전자현미경으로 관찰한 결과(❸, ❹), 메산지움세포의

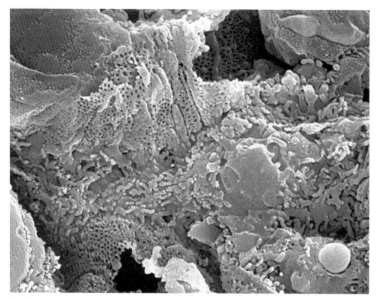

❸ 내피세포(핑크)에 얽혀 그 안으로 파고 들어가고 있는 메산지움세포(황색). 쥐의 사구체 단면을 주사전자현미경으로 관찰한 사진. ×7500(이와나가 히로미)

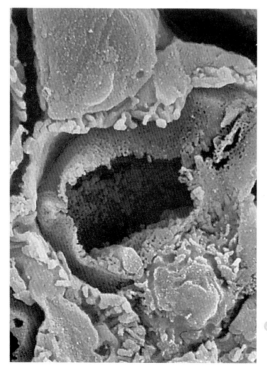

❹ ❸사진과 같은 표본의 다른 장면. 메산지움세포가 혈관내강으로 돌기를 뻗고 있다. ×6700

돌기가 혈관 주위를 감싸고 있음을 발견할 수 있었고, 이 돌기의 수축이 사구체의 혈류에 영향을 줄 것이라고 생각할 수 있었다.

그리고 메산지움세포와 혈관내피가 접촉하는 부분에서 메산지움세포의 손가락 모양 돌기들이 내피를 뚫고 혈관내강으로 얼굴을 내밀고 있는 모습도 드러났다.

지금까지의 연구에서 면역복합체 등의 혈액 속 단백질과 이물질이 혈관 기저막의 경계선을 거쳐 혈관 밖으로 흘러나온다는 사실이 알려졌다. 또 신염腎炎 진행과의 관계가 주목받고 있는데, 메산지움세포가 혈관내강의 정보를 좀 더 직접적으로 받아들이는 듯하다. 상상을 펼치면 혈관 안에 얼굴을 내민 돌기가 혈액과 함께 찾아오는 이물질을 캐치하거나, 안지오텐신 등의 호르몬을 감지하는 안테나 역할을 하고 있을 가능성도 생각할 수 있다.

38 스포츠 만능

골격근세포

　이른바 '근육'은 가로무늬가 있는 골격근섬유^{骨格筋纖維}가 모여 있는 다발로, '섬유'라고 불리기는 하지만 사실은 거대한 한 개의 '골격근세포'다. 세포의 표면에 수천 개나 되는 핵이 있는데, 사실은 한 개의 핵을 가지고 있는 세포들 수천 개가 융합된 것이 이 골격근섬유라는 거대한 세포다(①).

　17세기에 네덜란드에서 수제 현미경(물방울렌즈)을 사용하여 정자와 적혈구 등을 발견한 레벤후크는 고래의 살점을 관찰하고 이것이 미세한 섬유의 집합체이며, 그 섬유의 표면에는 철사를 감은 듯한 줄무늬가 있다는 사실을 발견했다.

　19세기에 이르러, 신장의 보먼주머니에 이름을 남긴 영국의 안과의사 W. 보먼(1840)은 근섬유 안에 채워져 있는 세섬유^{細纖維}(지금은 근원섬유라고 부르고 있음)에 밝고 어두운 줄무늬가 있다는 사실을 깨닫고 이것을 구슬로 꿰어 만든 목걸이에 비유했다. 그리고 세섬유가 무리를 이룰 때, 구슬이 가

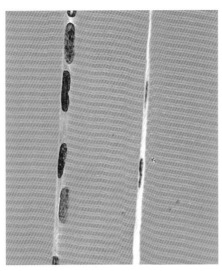

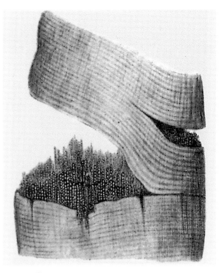

❶ 사람의 골격근세포(세로로 자른 면)의 광학현미경 사진. 세 개의 근섬유가 보인다. 섬유의 가장자리에 핵이 늘어서 있다. HE. ×700

❷ 보먼Bowman이 광학현미경을 들여다보고 그린 근섬유(Bowman W: Philosoph Tr Roy Soc London. 130 : 457~501, 1840).

로로 갖추어지기 때문에 가로줄무늬가 형성되는 것이라고 말했다(❷).

근섬유를 주사전자현미경으로 들여다보면 보먼 그룹이 보았던 구슬이 늘어서 있는 듯한 풍경이 되살아나는 듯하다. 근원섬유의 가로줄무늬도 그렇지만 그 옆에 세로로 열을 이루고 주차해 있는 미토콘드리아 쪽이 구슬처럼 보인다(❹).

한편, 근원섬유(❺)가 액틴과 미오신의 필라멘트로 구성되어 있으며, 두 필라멘트가 미토콘드리아의 ATP 에너지를 사용하여 두 개의 빗살이 맞물리듯 결합하는 것에 의해 근육의 수축이 발생한다는 사실이 밝혀졌다. 이 '결합설'은 1953년 이름이 같은 두 명의 영국 학자,

❸ 에바시 세쓰로江橋節郞(1922~)

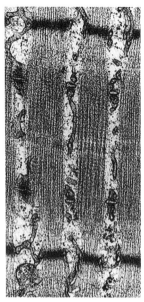

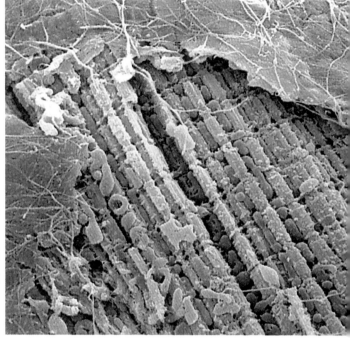

❹ 근섬유의 내부를 노출시켜 주
사전자현미경으로 들여다본
사진. 근원섬유(황색으로 착색)
사이에 미토콘드리아(청색)의
열이 보인다. 쥐의 설근.
×3200

❺ 근원섬유를 투과전자현미경으로 들여다본 사진. 쥐. ×20000

H. E. 헉슬리와 A. F. 헉슬리(두 사람에게 혈연관계는 없다)에 의해 거의 동시에 발표되었다.

그리고 일본의 도쿄 대학 약리학교실의 조수였던 에바시 세쓰로(❸)는 근수축에 칼슘이온이 절대적으로 필요하다는 사실을 발견했다. 이 이온은 근세포 안의 미로 모양의 주머니(근소포체. ❻. ❼)에 저장되어 있으며 근세포가 흥분을 하면 세포질로 새어나와 근 수축이 발생한다. 이 업적이 인정받아 교수로 '2단계 승진'을 한(1959) 에바시는 연구를 더욱 심화시켜 다수의 중요한 발견을 하게 된다. 특히 칼슘이온과 결합하는 작은 알갱이 모양

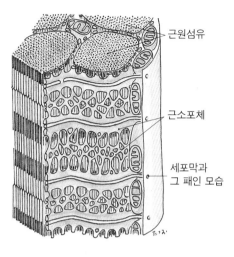

근원섬유

근소포체

세포막과
그 패인 모습

❻ 골격근의 미세한 구조를 보여주는 모형도. 갈
색: 근원섬유, 녹색: 근소포체, 황색: 세포막과
그 패인 모습, 청색: 미토콘드리아

❼ 근소포체를 투과전자현미경으로 들여다본
사진. 근소포체를 녹색으로, T세관細管을 황
색으로 착색했다. ×24000

의 수용체 분자가 긴 액틴 분자 위에 점점이 배치되어 있다는 사실을 발견
하고, 트로포닌troponin이라는 이름을 붙였다(1966). 소포체로부터 새어나온
칼슘이 여기에 부착하는 것으로 액틴과 미오신의 결합이 시작되는 것이다.

근섬유의 중앙 부분에는 운동신경이 분포되어 있다. 운동종판이라고도
불리는 이 신경의 말단은 근섬유의 표면에서 손가락을 펼치듯 가지를 뻗어
손가락 끝을 근섬유에 박고 시냅스synapse를 만들고 있다. 근섬유에서 신경
의 말단을 벗겨낼 때 신경의 손가락 흔적을 볼 수 있다. 손가락 흔적 바닥
에는 가늘고 길다랗게 찢어진 모양의 웅덩이가 보인다(❽). 신경으로부터
의 수축 명령은 이 장치에 의해 근섬유로 전해진다.

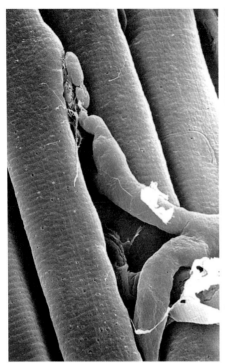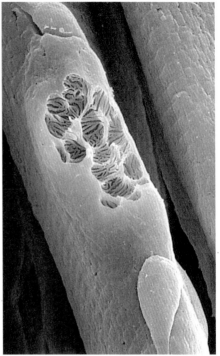

⑧ 운동종판Motor end-plate을 주사전자현미경으로 들여다본 사진. 왼쪽: 유수신경섬유有髓神經纖維가 근섬유에서 끝나는 모습. ×720 오른쪽: 종판을 제거한 뒤 웅덩이(녹색으로 착색)에 깊고 가늘게 찢어진 부분이 보인다. 아세틸콜린의 수용체는 이 부분의 벽에 분포한다. 황색으로 착색한 위성세포Satellite cell는 근세포의 수복과 관련이 있는 예비 세포라고 여겨지고 있다. ×1800 두 사진 모두 쥐의 설근

39 스트레칭으로 이뇨작용 촉진

심방근세포

심장의 근육은 골격근과 비슷한 가로무늬를 가지고 있으며 액틴과 미오신 분자의 결합에 의해 수축한다는 점에서는 매우 비슷하지만, 세포가 대나무의 마디처럼 끊어져 있으며 가지를 뻗고 있다는 점, 그리고 핵이 세포의 한가운데에 있다는 점에서는 차이가 있다(❶, ❷). 심근의 수축은 대나무의 마디에 해당하는 세포의 접합 부분을 뛰어넘어 전해진다.

심장의 벽 중에서 심실의 근육은 오직 수축이라는 것이 주 업무이지만, 심방의 근육은 호르몬을 배출하는 활동도 하고 있다. 나트륨을 소변으로 내보내는 펩타이드라는 호르몬이 그런 활동을 하는데, 이 사실은 1990년대에 의학계에 붐을 일으켰다. 가장 놀라운 점은 심장에서 나오는 호르몬이라는 사실이었다. 심장이 언제부터 내분비선이 되었던 것일까.

심장의 혈류량을 조절하는 지원기구가 있다는 가설은 반세기 전부터 제기되었지만, 캐나다의 드 보르도(1981)가 심방의 추출물에서 강렬한 이뇨

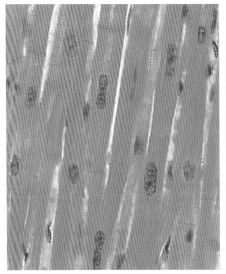

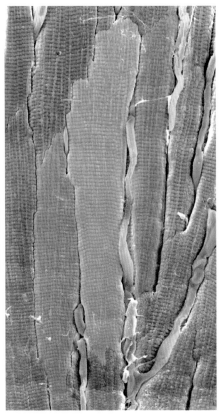

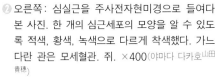

❶ 위: 사람의 심실근을 광학현미경으로 들여다본 사진. HE. ×220

❷ 오른쪽: 심실근을 주사전자현미경으로 들여다본 사진. 한 개의 심근세포의 모양을 알 수 있도록 적색, 황색, 녹색으로 다르게 착색했다. 가느다란 관은 모세혈관. 쥐. ×400(야마다 다카호山田靑穗)

작용(물과 나트륨을 나오게 하는)을 발견한 이후, 이 물질의 본체를 둘러싸고 격렬한 연구 경쟁이 일어났다.

포유류의 심방근세포의 핵 근처에 특수한 과립이 존재한다는 것은 오래 전부터 알려져 있었지만 그 의의에 대해서는 확실하게 밝혀지지 않았다. 그러나 나트륨을 소변으로 내보내는 펩타이드 호르몬에 대한 항체를 사용하여 면역조직화학실험을 시도하자 심방근과립이 염색되었다(❸).

심방근과립을 전자현미경으로 연구한 일본 니가타 대학의 스가와라 마사아키菅原正明(1987)에 의하면, 골지체 안에 분비물이 고이면 경단 모양으로

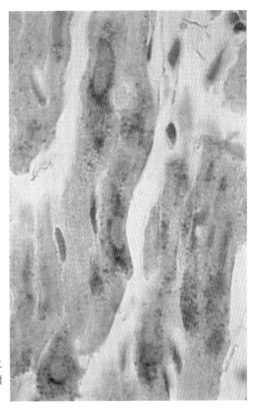

❸ 나트륨을 소변으로 내보내는 펩타이드 호
르몬에 대한 항체로, 갈색으로 면역염색
된 심방근과립. ×370

응집하여 골지막에 채워져서 세포 안에 저장된다고 한다(❹). 그리고 세포
가 자극을 받으면 과립이 한 개씩 오메가 모양으로 입을 벌리고 방출된다
는 사실도 밝혀냈다(❺). 심방근세포는 뇌하수체나 이자의 세포와 같은 방
식으로 호르몬을 생산하며 방출하고 있는 것이다.

한편, 나트륨을 소변으로 내보내는 펩타이드 호르몬이 생체의 어떤 상황
에서 방출되는 것인지도 밝혀졌다.

심방의 내압이 상승(혈압상승)하거나 혈액의 양이 증가(식염부하 등)하는
것에 의해 심방근이 늘어나면 이것이 자극이 되어 나트륨을 소변으로 내

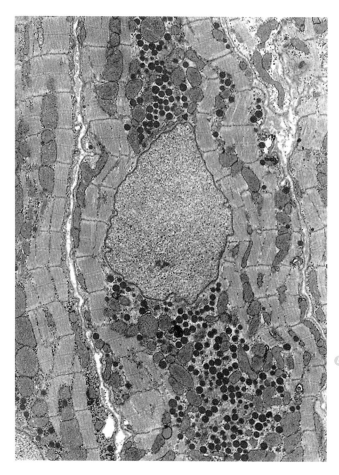

④ 투과전자현미경으로 들여다본 심방근세포, 중앙의 핵 위아래에 검은 심방근과립이 보인다. 회색의 작은 알갱이는 미토콘드리아. 쥐. ×6500

보내는 펩타이드 호르몬이 방출된다. 세포 수준에서 말한다면, 심방근세포는 신전수용세포stretch receptor로, 늘어나면 흥분하여 호르몬을 방출하는 것이다.

지금까지 생각해보지도 않았던 세포가 호르몬을 방출하여 신체 활동의 조절에 큰 역할을 담당하고 있었던 것이다. 이처럼 심장 근육까지 호르몬을 방출하다니 놀라운 일이 아닐 수 없다.

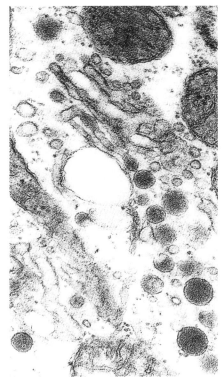
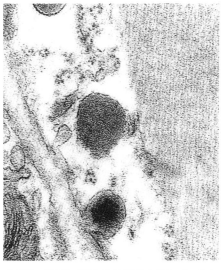

⑤ 왼쪽 : 심방근과립이 입을 벌리고 방출되는 모습.
쥐. ×15000(사진 3~5는 스가와라 마사아키[菅原正明])

오른쪽 : 골지체에서 만들어지고 있는 심방근과
립. 쥐. ×3200

　그런데 최근 나트륨을 소변으로 내보내는 펩타이드 호르몬이 시상하부
등의 뇌간[腦幹]에 존재한다는 보고가 있고, 또 동물의 진화를 거슬러 올라가
면 이 호르몬이 원구류[圓口類]에서는 뇌와 심장 양쪽에 존재하며 연체동물에
서는 신경계에만 존재한다고 한다. 이렇게 보면, 나트륨을 소변으로 내보
내는 펩타이드 호르몬은 원래 뉴런의 소유였던 것이 척추동물에 이르러 심
방근세포에 그 소유권을 빼앗긴 것이라고 표현해야 하지 않을까.

40 시간차를 이용하여 만든다

자극전도계의 근세포

심장은 위쪽의 방(심방)이 '쿵'하고 움직이면 바로 뒤를 이어 아래쪽의 방(심실)이 '쾅'하고 대답한다. 심장벽의 근육이 순서를 따라 시간차를 이용하여 수축하는 구조를 해명한 사람은 일본의 다하라 스나오田原淳(1873~1952)다(❶).

다하라는 1903년에 독일로 건너가 말부르크 대학 병리학교실의 아숍 교수 밑에서 '심쇠약心衰弱의 원인'에 관한 연구를 했지만 아숍 교수로부터 특별한 소견을 얻을 수 없었다. 그러던 중 '심방과 심실의 연결'로 연구주제를 옮기면서 운명이 바뀌었다.

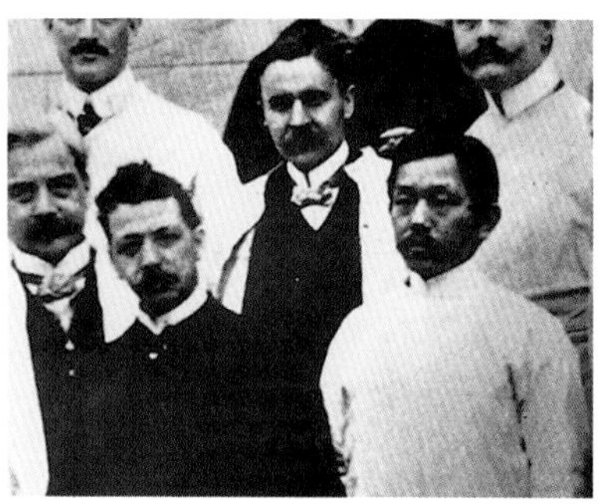

❶ 말부르크 대학 병리학교실에 유학 중이던 다하라 스나오(32세로 추정)와 주임교수 L. 아숍(39세로 추정)(무라야마 아키라村山曉 제공)

사람, 개, 양 등의 심장을 연속절편하여 하나 하나 현미경으로 관찰하면서 스케치하고, 머릿속으로 입체적인

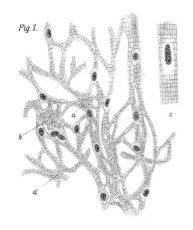

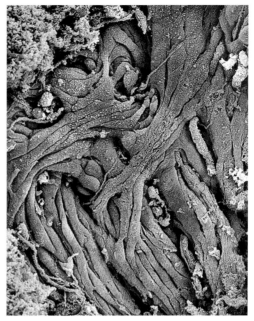

❷ 다하라 스나오가 그린 방실결절. 1906년에 출간된 단행본에 실린 현미경 그림 중 하나. 오른쪽 위에 보이는 보통의 심방근섬유보다 훨씬 가늘다.

❸ 양의 방실결절을 주사전자현미경으로 촬영한 사진. 굵은 심방근섬유(갈색)가 가느다란 결절섬유結節纖維(황색)로 이행되고 있다. 청색은 신경섬유. ×510(시마다 다쓰오)

모습을 조립해야 하는 힘든 연구를 한 결과, 심방근과 심실근을 연결하는 특별한 심근섬유(심근세포의 연쇄)의 경로가 드러났다.

우선, 심방의 아래쪽에서 가느다란 근섬유망筋纖維網을 발견하고 '방실결절房室結節'이라고 이름 붙였다(❷). 나중에 '다하라의 결절'이라고 불리게 되는 이 결절의 한쪽 끝에는 심방근섬유가 흘러 들어오고 다른 쪽 끝은 가느다란 줄기처럼 뻗어 심실의 위쪽에 도달한다. 이 줄기의 존재는 히스Wihelm His(1893)에 의해 알려졌는데, 다하라는 이 '히스 다발His bundle'의 끝이 심실 중격心室中隔에 걸쳐지듯 양분, 오른쪽 다리와 왼쪽 다리가 되어 아래쪽으로 내려간다는 사실을 발견했다(❸). 그 방향을 따라가면 두 다리는 심실 안

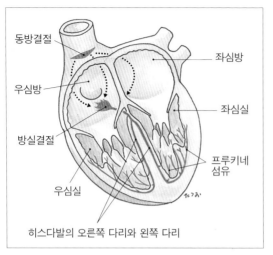

쪽 면에서 섬세한 그물 모양으로 분산되었는데, 이것은 체코의 생리학자 프루키네Johannes Evangelista von Purkinje(1845)가 양을 이용해서 발견하고 기재한 이후, 정체가 확실하지 않은 '프루키네 섬유purkinje fiber'라고 불리는 존재였다(❹).

동방결절

좌심방

우심방

좌심실

방실결절

프루키네 섬유

우심실

히스다발의 오른쪽 다리와 왼쪽 다리

❹ 심방의 앞쪽 절반을 잘라내어 자극전도계의 분포를 살펴본 그림

다하라는 이 프루키네 섬유가 도처에서 보통의 심근섬유로 이행된다는 중요한 소견을 제시한 것이다(❺).

이렇게 해서 한 개의 나무 같은 특수한 근섬유의 계통이 심방에서 심실로 수축흥분을 전달하는 경로라고 확신하게 된 다하라는 이것에 자극전도계Reizleitungssystem라는 이름을 붙였다.

이 연구에서도 스승 아숍의 지도를 거의 받을 수 없었던 다하라는 모든 성과를 단행본으로 엮어 1906년 자신의 이름으로 간행했다.

이 책에서 다하라는 방실결절의 그물에 흥분이 시간을 두고 전달되기 때문에 심방과 심실의 수축에 시간차가 발생하는 것이라는 가설을 제출했는데, 그 뒤 생리학자 헤링(1910)이 이 '흥분전달의 지연'을 실증해 보였다.

그 뒤 영국의 해부학자 키스와 생리학자 플랙은 심방의 위쪽 벽, 대정맥 입구 근처에 다하라의 결절과 같은 특수한 근섬유망을 발견했다(1907). 그리고 이 '동방결절'이 심장의 수축 리듬이 시작되는 토대라고 보고했다. 여

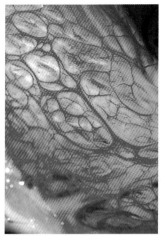

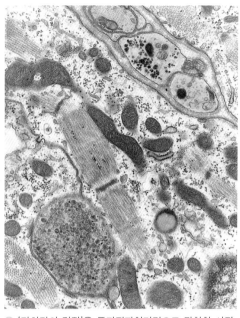

❺ 양의 우심실 내면을 달리는 프루
키네 섬유. 섬유가 함유하고 있는
글리코겐을 PAS반응으로 붉게 염
색했다. ×2 (시마다 다쓰오)

❻ '다하라의 결절'을 투과전자현미경으로 관찰한 사진.
특수한 근섬유와 접해 있는 교감섬유(청색으로 염색)
와 부교감섬유(황색으로 염색). 양. ×9000 (시마다 다
쓰오)

기에서 출발한 흥분의 리듬이 심방근을 타고 다하라의 결절에 이르러 다하
라가 발견한 경로를 거쳐 심실근의 수축을 일으킨다. 자극이 전도되는 모
든 계통은 여기에서 완결된다.

동방결절과 방실결절에는 모두 다량의 자율신경(교감신경과 부교감신경)이
들어와 근섬유에 신경섬유가 밀접한 상태에서 끝난다(❻). 교감신경은 동
방결절의 리듬을 빠르게 하고 부교감신경은 느리게 하는데, 일반적인 리듬
을 채택하지 않고 있는 '다하라의 결절'에서는 신경이 쉬고 있는 것일까?
동방결절이 작동하지 않는 이변이 발생하면 방실결절은 태어나서 처음으
로 리듬을 조절하는 역할을 담당한다. 이 경우, 신경도 비로소 바빠진다.

정보사회의 관리직

41 천구관음 못지않은 여러 개의 손

뇌의 뉴런

사람의 뇌(대뇌와 소뇌)는 천억 개나 되는 신경세포와 그 돌기로 이루어져 있다. 하지만 뇌의 표본을 절편으로 만들어 일반적인 염색을 실시하면, 둥글고 커다란 세포가 젤라틴 모양의 물질에 묻혀 있는 정도로밖에 보이지 않는다. 믿기 어렵겠지만, 이 세포는 수많은 돌기를 뻗고 있으며, 더구나 젤라틴 모양으로 보이는 부분에는 그 돌기(이른바 신경섬유)들이 가득 채워져 있다. 이렇게 종잡을 수 없는 세계에 혁명을 가져온 것은 이탈리아의 위대한 병리학자 골지$^{Camillo\ Golgi}$(❶)가 발명한 은 염색법이다(1873).

이 골지법은 조직의 조각을 중크롬산을 함유한 액체에 담근 뒤 초산 은용액을 이용하는 것으로, 특정 대상에만 은을 침착시키는 특이한 염색방법이다. 이 방법을 이용하면 뇌의 일부 신경세포만이 검게 염

❶ 카미로 골지(1844~1926)

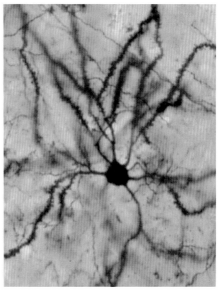

❷ 골지법으로 돌기의 구석구석까지 검게 염색된 뉴런. 왼쪽: 고양이 소뇌의 프루키네 세포. ×250 (호소야 야스히코細谷安彦) 오른쪽: 쥐의 미상핵(꼬리핵)의 다극세포multipolar cell. ×670(호소야 야스히코)

색된다. 더구나 염색된 세포는 아무리 복잡한 모양을 하고 있더라도 세포의 구석구석까지 검게 물이 든다. 이렇게 해서 신경세포는 긴 돌기를 가지고 있으며 수상돌기와 축색돌기라는 두 종류가 존재한다는 사실이 밝혀졌다. 또, 이 돌기들의 모습으로부터 신경세포의 다양한 종류가 구별되었다(❷).

골지는 신경세포끼리 돌기로 연결되어 거대한 그물 모양의 구조를 만든다고 생각했는데, 이런 주장에 대항한 사람이 스페인의 라몬 이 카할Santiago Ramon y Cajal이었다. 그는 은 염색을 이용하여 뇌를 관찰한 후 신경세포의 연결부분에서는 두 세포가 '접촉만 할 뿐 이어지지는 않는다'는 결론을 내렸다.

카할의 주장에 동소한 독일의 해부학자 발데이어Waldeyer는 한 개의 신경세포와 그 돌기를 '뉴런Neuron'으로 부르자고 제안했다. '신경계를 구성하는 단위'라는 의미다. 그러나 이 말은 오늘날 '단위'로서 뿐 아니라 단순히 신

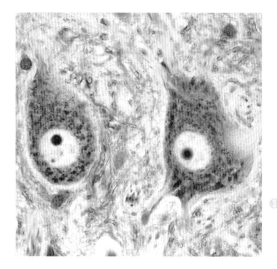

③ 대뇌피질의 추체세포Pyramidal cell를 니슬 염색Nissl stain한 것. 타이오닌thionine이라는 색소로 니슬소체Nissl substance가 염색되었다. ×430

경세포의 동의어로도 널리 사용되고 있다. 한편 영국의 생리학자 셰링턴 Charles Scott Sherrington(1897)은 뉴런의 접촉 부분을 '시냅스synapse'라고 하였다. 시냅스는 '상대방을 붙잡는다'는 의미의 그리스어에서 만들어졌다(다카가키 겐키치로高垣玄吉郎의 고증에 의함).

시대를 되돌려, 뮌헨의 24세 의학생 프란츠 니슬Franz Nissl(1860~1919)은 학내에서 뇌세포의 병적 변화에 관한 현상논문을 모집했을 때 염색법에 대한 논문을 응모하여 멋지게 현상금을 손에 넣었다(1884). 오늘날 '니슬 염색'으로 알려진 이 방법으로 세포 안의 보라색 반점무늬가 염색된다(③). 이 '니슬 소체'는 다양한 신경세포가 질병에 의해 변화된 것으로, 잘게 분산되거나 소실된다는 점에서 지금도 신경질환의 해석에 빼놓을 수 없는 존재다.

니슬 소체가 다량의 RNA를 함유하고 있는 조면소포체의 집단이라는 사실이 밝혀진 것은 투과전자현미경이 등장한 이후의 일이다.

그리고 셰링턴이 이름 붙인 '시냅스'가 실제로 존재하며 두 개의 뉴런 사

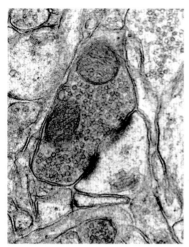
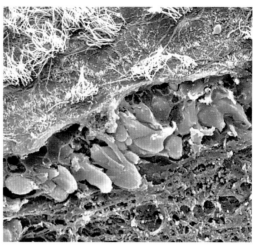

❹ 시냅스를 투과전자현미경으로 관찰한 사진. 시냅스 앞 부분(핑크)에는 다수의 시냅스 소포가 있다. 황색: 시냅스 뒷부분. 생쥐. ×39000

❺ 뇌실 바로 아래에 존재하는 미숙한 세포들(황색). 이 부분에서는 성체라 해도 신경아세포neuroblast나 아스트로사이트astrocyte가 만들어진다. 생쥐 성체. ×900

이에 틈(시냅스 틈새)이 있다는 사실도, 1950년대에 전자현미경의 등장으로 확인되었다. 축색돌기의 말단에 시냅스 소포가 발견되고 신경전달물질을 받아들여 시냅스 틈새로 방출하는 모습도 밝혀졌다(❹). 받아들이는 쪽에는 각각의 전달물질에 대한 수용체가 존재하며 그 결과, 흥분은 서로 손을 잡듯 전달되는 것이다. 뇌의 뉴런 회로는 태아기에 기본이 만들어지고 생후에는 뉴런의 수가 증가하지 않으며 돌기가 복잡해질 뿐이라고 알려져 있었다. 즉 뉴런은 생후에는 분열하지 않고 신체의 나이에 맞추어 노화해 가는 것이다. 하지만 최근 들어, 성인의 뇌에 분열능력이 있는 신경간세포가 존재한다는 사실이 밝혀졌다(❺). 해마나 측뇌실의 주변 등에서 발견된 이 세포는 뉴런뿐 아니라 그 주위의 글리아glia 세포도 생신하고 있다. 현재 이 세포를 이용하여, 지금까지 불가능하다고 여겨졌던 뇌의 재생에 도전하는 연구자 활발하게 이루어지고 있다.

42 어둠 속의 실력자

뇌의 글리아세포

　뉴런의 주위는 젤라틴처럼 이루어져 있다고 설명했는데, 현재는 이 부분에 뉴러글리아(또는 글리아)라고 불리는 세포가 채워져 있다는 사실이 밝혀졌다(❶). 이 글리아에 대해 처음으로 주목한 사람은 독일의 병리학자 버쵸^{virchow}(1864)로, 그는 어떤 정신질환자의 뇌를 해부했다가 뇌실의 벽에 젤라틴 모양의 융기(육아^{肉芽})가 있다는 사실에 흥미를 느꼈다. 그 이후, 신경요소를 매우는 일종의 접착제가 뇌의 조직에 있다는 결론을 내리고, 그것을 뉴로글리아('글리아'는 아교 같은 접착제라는 의미)라고 부른 것이다. 또 버쵸는 글리아 안에서 세포핵을 발견하고 결합조직과 매우 비슷하지만 분명히 다른 존재로, 신경조직에서 절연기능을 담당하는 것이라고 생각했다.

　'글리아세포'의 모습을 처음으로 볼 수 있게 된 것은 골지의 은 염색 덕분이다(❷). 사실, 골지가 이 방법으로 뉴런을 처음 염색했을 때, 이미 글리아세포는 뉴런과는 모양이 다른 세포로서 검붉은색으로 염색되어 있었다.

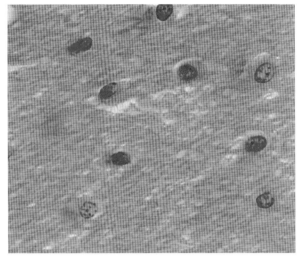

❶ 뇌 조직을 일반적인 염색^{HE}으로 본 사진. 글리아세포의 핵이 점점이 흩어져 있다. 쥐. ×650

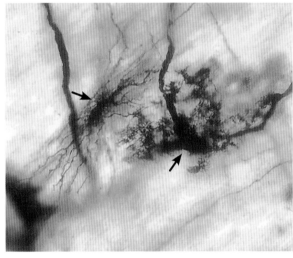

❷ 골지의 은 염색에 의해 모습을 드러낸 글리아세포.(화살표) 세로로 달리고 있는 검은 띠는 혈관. 쥐. ×200

이 세포에 주목하여 글리아세포를 분류한 사람은 카할과 그 그룹이다(1920년 경)(❸).

그들은 글리아세포만을 선택적으로 염색하기 위해 은 염색법의 개량을 추진했다. 그 결과 현재의 글리아의 분류, 즉 아스트로사이트(별 모양의 글리아세포), 올리고덴드로글리아(돌기 모양의 글리아세포), 미크로글리아(소신경교

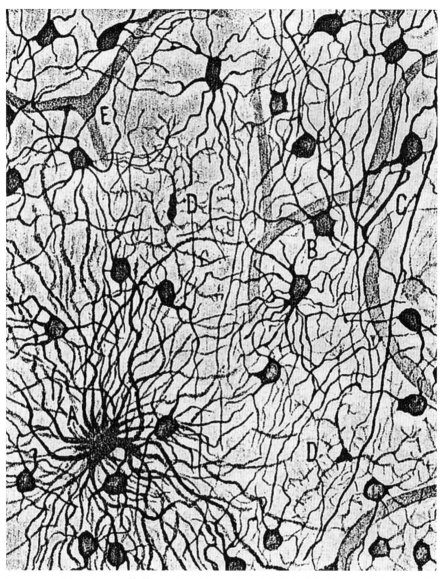

❸ 카할 문하의 리오 오르테가Rio Hortega가 그린 글리아세포. A와 B : 아스트로사이트. C : 올리고덴드로 글리아oligodendroglia D : 미크로글리아microglia, 小神經膠細胞 E : 혈관(Rio Hortega. P. D : Bol Soc Esp Biol 9.68, 1919).

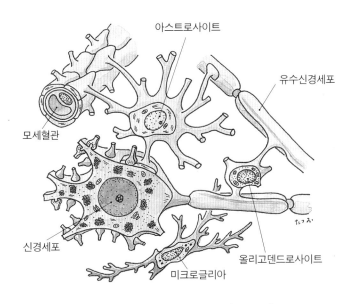

🔵 글리아세포의 모습과 활동을 보여주는 모형도.

세포)로 구별했다(🔵).

글리아세포의 수는 뉴런의 10배나 되며, 부피로는 뇌의 절반을 차지한다. 뉴런의 틈새에 단순히 묻혀 있는 잡초로 보면 과분하고, 처음에 상상되었던 뉴런의 절연絶緣으로서는 그 양이 너무 많다. 예를 들어, 아스트로사이트는 뇌의 표면이나 혈관의 주위를 덮고 신경조직과 외부 세계와의 경계(글리아 경계막)를 만드는 한편 각각의 뉴런을 완전히 감싼다. 따라서 뉴런에 대해 매우 특별한 영양 공급과 생활관리를 하고 있다고 상상되어 왔다.

한편 최근의 연구에서 글리아세포의 다양한 역할이 주목받고 있다. 특히 아스트로사이트는 글리아 경계막을 개입시켜 뇌의 혈관으로부터 글루코스(포도당)를 받아들인다는 것, 세포 안에 글리코겐을 저장하고 있다가 활발한 당 분해에 의해 피르빈산pyruvate이나 유산 등의 에너지 대사물질을 뉴런

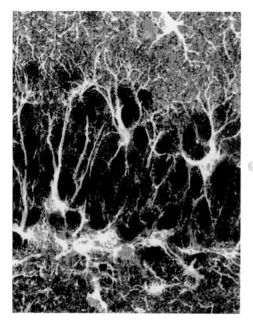

⑥ 아스트로사이트가 세린serin의 합성에 필요한 효소를 함유하고 있다는 사실을 보여주는 면역염색. 세린의 합성효소3PGDH를 적색으로, 아스트로사이트의 글리오필라멘트GFAP, Glial Fibrllary Aciced Protein를 녹색으로 염색했다. 황식으로 보이는 부분은 양쪽이 모두 염색된 것. 생쥐의 해마. × 600(와타나베 마사히코, 오오모리 유코Furuya S & Watanabe M: Arch Histol Cytol 66: 109, 2003)

에 공급하고 있다는 것이 밝혀졌다. 더구나 뇌가 활발하게 활동하고 있는 부위에서는 아스트로사이트의 이런 활동이 더욱 눈부시다(⑥).

아스트로사이트의 세포막에는 여러 종류의 전달물질에 대한 수용체가 존재하며, 이것이 시냅스의 전달 조절에 도움이 된다는 보고도 나왔다. 또 이 세포의 세포막에는 뇌의 중요한 전달물질인 글루타민산glutamic acid을 퍼내는 단백질(글루타민산 트랜스포터)이 묻어 있어 이것에 의해 시냅스 틈새로 방출된 글루타민산의 회수가 이루어진다.

글리아세포에서 신경영양인자가 방출된다는 사실도 알려졌다. 예를 들어, 세린은 뉴런이 살아 있는 동안에는 빼놓을 수 없는 물질인데 아스트로사이트가 글루코스를 이용하여 합성, 뉴런으로 공급하고 있다고 한다. 이제 뇌의 활동과 질병을 해명하려면 글리아를 주목하지 않을 수 없다.

43 끈과 밀접한 관계

뇌에서는 뉴런이 글리아세포로 덮여 있지만, 말초신경(끈 모양의 모든 신경)에서는 신경섬유가 슈반세포에 싸여 있다(❷). 이 모습은 마치 말초신경의 수행원처럼 보인다.

이 세포에 이름을 남긴 슈반(❶)은 베를린 대학의 해부생리학자였다. 그는 올챙이의 꼬리를 관찰하다가 매우 섬세한 신경(현재의 무수신경^{無髓神經})에 주목했는데, 올챙이가 개구리로 변화함에 따라 그것이 흰색의 굵은 신경(유수신경^{有髓神經})이 된다고 주장했다(1837). 그로부터 2년 후인 1839년에는 식물학자 슐라이덴$^{Matthias\ Cchleiden}$의 영향도 받아 동물의 '세포학설'을 주장하기에 이른다.

그러나 슈반은 오늘날 그의 이름으로 불리는 세포를 단순한 세포의 연쇄라고 생각했을 뿐, 그 안에 신경섬유가 달리고 있다는 사실은 깨닫지 못했다. 또, '흰색의 굵은 신경'에 있어서는 이 세포가 신경의 하얀 칼집(수초^{myelin})

❶ 슈반[T. Schwann](1810~1882)

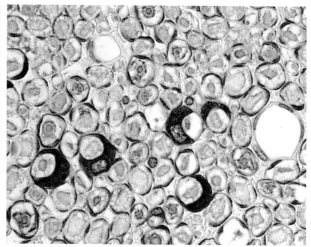
❷ 쥐의 좌골신경(횡단면)에 있는 슈반세포를 S-100단백의 항체를 이용하여 면역염색했다(갈색 초승달 모양의 세포)

과 내용물(축색돌기[axon])을 만든다고 생각했다. 당시에는 축색돌기가 신경세포의 돌기인가 그렇지 않은가 하는 것조차 확인되지 않았다.

슈반세포가 신경섬유 주위를 감싸고 있으면서 수초를 만든다는 점이 모든 사람들로부터 인정을 받은 것은 전자현미경에 의한 해석이 시작된 1950년대 였다. 투과전자현미경으로 들여다본 유수신경섬유의 수초는 검은 띠처럼 보이지만 이 칼집을 확대하면 슈반세포가 자신의 세포막을 이용하여 축색돌기 주위를 몇 겹으로 감고 있다는 사실을 알 수 있다(❸, ❹).

슈반세포는 유수섬유[有髓纖維] 위에 사슬 모양으로 연결되어 한 개의 세포가 한 개의 수초를 만든다. 따라서 이웃해 있는 수초와의 사이에 잘록한 부분, '랑비에 노드[Ranvier' node]가 형성된다(❺). 수초는 전신주의 애자[碍子](전선을 지탱하고 절연하기 위하여 전봇대 따위에 다는 여러 모양의 기구, 사기, 유리, 합성 수지 등으로 만듦. 애관이라고도 함)처럼 절연적[絶緣的]으로 활동하기 때문에 신경의 전

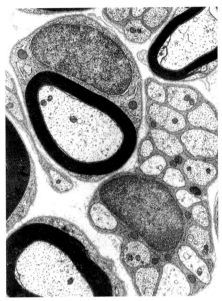

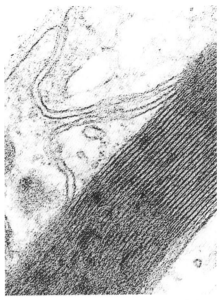

❸ 무수신경섬유無髓神經纖維(오른쪽 아래)와 유수신경 섬유有髓神經纖維를 감싸고 있는 슈반세포. 그 핵이 두 개가 보인다. 검은 고리가 수초. 황색은 축색 돌기. 생쥐. ×12000

❹ 수초의 횡단면을 확대해서 투과전자현미경으로 들여다본 사진. 슈반세포의 세포막(왼쪽 위 구 석)이 수초의 무늬와 연속되어 있다. 생쥐. ×66000

기적인 흥분은 이 끊어진 부분을 뛰어넘어 진행하며 유수신경의 민첩하고 신속한 흥분 전도가 이루어진다.

그런데 슈반세포는 유수신경섬유에서는 한 개의 축색돌기에만 집착하는 데 비해, 무수신경섬유에서는 몇 개나 되는 축색돌기를 감싼다(❸). 이것은 신경성장인자[NGF]에 두 종류가 존재하는 것이 아니라 축색돌기 쪽의 상황 에 따른 변화다. 축색돌기로부터 전달되는 어떤 신호가 각각의 슈반세포가 감싸는 방법을 결정하게 만드는 것이다. 또 슈반세포의 증식이나 수초단백 질의 합성에도 축색돌기가 필요하다고 한다.

한편 슈반세포는 신경성장인자[NGF]나 사이토카인을 만들어 축색돌기의

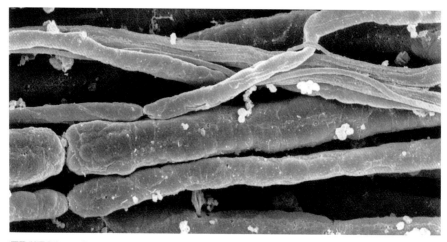

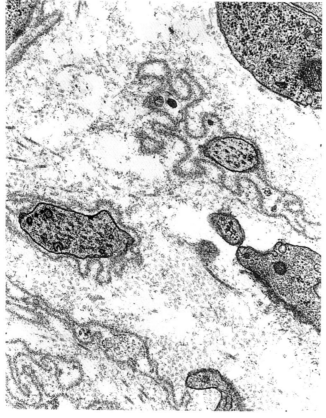

⑤ 위 : 주사전자현미경으로 들여다본 신경섬유. 보리 이삭 같은 섬유(청색)는 무수신경. 왼쪽 구석에 보이는 잘록한 부분은 랑비에 노드. ×12000

⑥ 왼쪽 : 슈반세포의 기저막(보라색) 안으로 침입한 재생축색돌기(황색). 슈반세포는 동결처리에 의해 모두 죽었다. 생쥐의 좌골신경. ×13000(이데 치즈카)

신장을 촉진시킨다는 사실도 알려졌다.

손이나 팔의 신경을 절단하면 절단된 부위로부터 앞쪽에 해당하는 신경 섬유는 일단 성질이 변하여 사라지고, 슈반세포가 연결된 '끈'이 만들어진다. 재생을 시작한 축색돌기는 이 슈반세포의 끈 안으로 들어가 그곳에서 신장 속도를 증가시킨다. 슈반세포와 축색돌기(신경섬유)는 서로 밀접한 관계에 놓여 있는 것이다.

여기서 소개하고 싶은 것은 일본의 이와테^{岩手}의과 대학의 이데 치즈카^{井出千束}(현재 교토 대학 교수)가 제시한 실험이다(1983)(**6**). 우선, 생쥐의 좌골신경 일부를 잘라내어 이것을 동결, 세포성분이 모두 죽어버렸다는 사실을 확인한 뒤에 이 신경 조각을 다시 같은 동물에게 이식하여 그 후의 신경 재생상태를 관찰했다. 그런데 슈반세포는 모두 죽었음에도 불구하고, 일찍이 슈반세포가 얽혀 있던 기저막 안쪽으로 축색돌기가 뻗기 시작했다.

이것은 축색돌기의 신장에 반드시 슈반세포가 필요한 것은 아니라는 사실을 보여주는 한편으로, 슈반세포가 죽은 이후에도 그녀가 입고 있던 옷에 집착하는 축색돌기의 모습이라고 볼 수도 있다.

44 매운 맛은 싫어

척수 신경절세포

뇌나 척수 이외에도 뉴런(신경세포)은 존재한다. 특히 척추 양쪽에 줄을 이루고 늘어서 있는 척수신경절에는 지각과 관련이 있는 뉴런이 빼곡히 채워져 있다(❶). 이 뉴런은 뇌나 척수의 뉴런과는 태생과 자란 환경이 전혀 다르다. 뇌나 척수의 뉴런은 배胚의 표면에 있는 신경외배엽이 관 모양으로 움푹 패여서 형성된다. 하지만 척수신경절의 뉴런은 그 패인 부분의 주변에 있는 다른 부분(신경릉neural crest)이 중배엽 안에 섞이는 것에 의해 형성된다. 이 신경릉의 세포는 뉴런뿐 아니라 부신수질副腎髓質의 세포나 슈반세포도 되고, 피부 안으로 들어가 멜라닌 색소를 만드는 멜라노사이트가 되기도 한다.

척수 신경절세포의 둥근 세포체에서는 돌기 한 개가 나와 있다(❶, ❷). 이 돌기의 끝이 T자 모양으로 두 갈래로 나뉘어 하나는 말초로, 다른 하나는 척수 안으로 뻗어 있다(❸). 이 세포의 모습은 뇌의 뉴런과 크게 다르다.

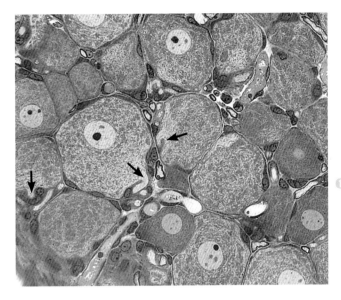

❶ 척수신경절을 광학현미
경으로 관찰한 사진. 트
루이딘블루로 염색. 밝
은 대형의 뉴런과 어두
운 소형의 뉴런을 구별
할 수 있다. 돌기(화살표)
에 주의. 쥐. ×200

보통의 뉴런은 세포체로부터 직접 다수의 수상돌기와 한 개의 축색돌기가
나오지만, 이 세포는 도중에 두 개로 나뉘는 축색돌기만 있는 것처럼 보인
다. 그러나 말초로 향하는 가지는 피부나 점막에서 지각의 종말을 이루기
때문에 중추에 흥분을 확실하게 전달한다.

　사실, 이것이 '뉴런학설'을 완성한 카할을 고민하게 만든 문제였다. 그러
나 그는 무척추동물이나 어류에서는 지각의 뉴런이 쌍극성이라는 것, 또
태생기에는 포유동물인 경우에도 척수 신경절세포가 쌍극성이라는 사실을
깨닫고, 이 뉴런은 계통발생이나 개체발생이 진행되면 세포의 형태가 단
극성單極性으로 바뀌며 수상돌기도 축색돌기와 같은 성질을 갖추게 된다고
생각했다(❺). 이것이 '모든 신경세포에 있어서 세포제와 수상돌기는 수
용기受容器이며 축색돌기는 전도경로다'라는 법칙을 주장하는 계기가 된 것
이다.

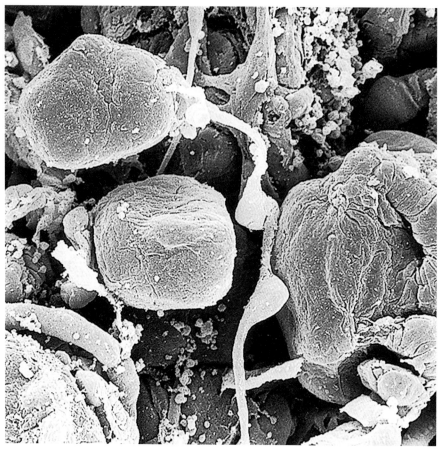

❷ 척수신경절의 뉴런을 주사전자현미경으로 관찰한 사진. 왼쪽 위의 뉴런으로부터 아래쪽으로 뻗어 있는 돌기에 슈반세포 두 개가 혹처럼 보인다. 쥐. ×800

척수 신경절세포에는 밝은 대형 세포와 어두운 소형 세포를 구별할 수 있다(❶). 대형 세포는 촉각이나 압각^{壓覺}과 관련이 있고, 소형 세포는 따뜻함을 느끼는 감각, 통각과 관련이 있다. 이 세포들은 모두 펩타이드성 분비 물질을 대량으로 만들기 때문에 커다란 골지체가 존재한다(❸).

그 분비물 중의 하나로 'P물질^{Substance P}'이 알려져 있는데, 도쿄 의치과

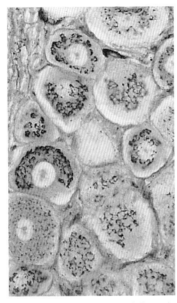
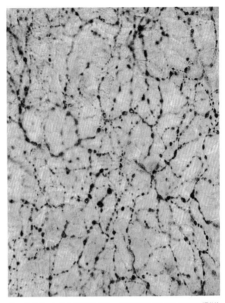

❸ 신경절세포의 골지체. 은 염색. 토끼.
×360

❹ 기관상피에 분포해 있는 지각신경의 망상종말網狀終
末. 신전표본伸展標本을 CGRP라는 신경물질의 항체
로 면역염색했다. 쥐. (데라다 마사키)

대학의 약리학 교수였던 오쓰카大塚正德는 정밀한 실험을 통하여 이 펩타이
드야말로 제1지각뉴런(척수 신경절세포)으로부터 제2뉴런(척수에서 뇌에 이르
는)으로 향하는 전달물질이라는 사실을 증명해 보였다(1980).

파프리카 요리의 본 고장인 헝가리 연구자 얀초는 고추의 매운 성분인
캡사이신을 쥐의 피부에 바르는 실험을 했다. 당연히 쥐는 통증 때문에 날
뛰었고, 캡사이신을 바른 부분은 붉게 부어 올랐다. 그런데 이 염증은 캡사
이신에 의해 통증을 감지한 뉴런의 전달물질 '서브스탠스 P'가 수상돌기의
말초로부터 대량으로 방출되는 것에 의해 발생한다는 사실이 밝혀졌다. 이
것은 카할의 법칙에 위반되는 현상이다(❻). 얀초는 또한 갓 태어난 쥐에게
캡사이신을 주사하면 온몸에 분포되어 있는 통증 감각이 평생 사라진다는

사실도 발견했다. 이때, 사라지는 것은 통증을 느끼는 신경뿐, 촉각신경은 정상적으로 유지되었다. 그리고 이 쥐의 척수신경절은 현미경으로 들여다 보자 통각을 전달하는 소형 뉴런이 전멸해 있었다. 고추의 능력은 정말 놀라울 뿐이다.

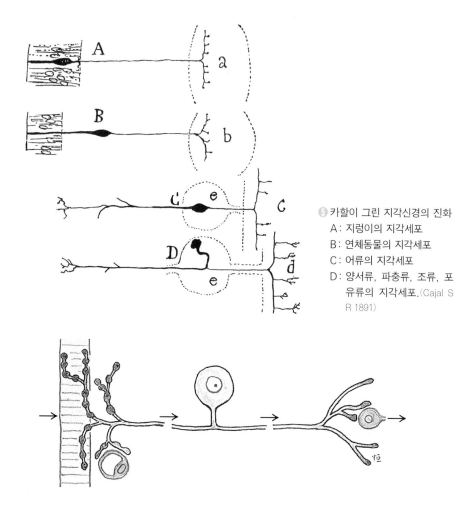

❺ 카할이 그린 지각신경의 진화
　A : 지렁이의 지각세포
　B : 연체동물의 지각세포
　C : 어류의 지각세포
　D : 양서류, 파충류, 조류, 포
　　　유류의 지각세포.(Cajal S
　　　R 1891)

❻ 지각 뉴런의 형태와 활동을 나타내는 모형도. 피부나 점막에 분포하는 수상돌기 의 종말은 자극을 받으면 뇌로 통각을 전달하는 것과 동시에 자극이 발생한 장 소에 P물질(갈색)을 내보내 축소 염증을 일으킨다. 황색: 점막상피, 적색: 혈관, 청색: 제2뉴런

45 노장의 관록

신경 분비세포

일본이 전쟁에서 패한 이듬해인 1946년, 독일의 북쪽 끝 키르 마을의 대학에 40세 남짓한 바르크만이 해부학 주임교수로 부임했다. 전쟁 중에는 병기공장이었던 건물이 해부학 교실이 되었다.

1948년의 어느 날, 바르크만은 랑게르하스섬세포의 과립을 염색하는 크롬헤마톡실린^{chrome-Hematoxylin}염색법이라는 것을 생각해내고, 그 액체로 뇌를 염색해보기로 했다.

개의 간뇌 절편 표본을 기술원인 야콥 양에게 건네주고 염색하라고 명령한 다음에 학생들의 실습을 지도하고 방으로 돌아온 바르크만은 야콥 양이 염색한 표본을 보고는 자기도 모르게 탄성을 질렀다. 간뇌(시상하부)의 신경세포에 검푸른 과립이 가득 차 있었기 때문이다(❷). 과립이 이어져 있는 길을 따라 긴 신경돌기를 더듬어가자 뇌하수체의 후엽^{後葉}에까지 이르러 있었다(❸).

① W. 바르크만 부부와 사노 유타카(중앙)
1965년 8월 비스바덴의 국제해부학회에서.

바르크만은 간뇌의 특정 뉴런 집단이 분비과립을 만들고 긴 돌기에 의해 뇌하수체 후엽으로 보내져 여기에서 호르몬으로 혈액 안에 방출된다는 가설을 세웠다. 그리고 그 가설을 증명하기 위해 다음과 같은 실험도 실시했다.

우선 개의 간뇌와 뇌하수체 사이에서 문제의 신경섬유를 절단한 후 며칠 뒤에 죽여서 표본을 만들었다. 그랬더니 파랗게 염색되는 과립이 뇌의 말단 부분에 모이고, 뇌하수체의 말단 부분은 텅 비어 있었다.

그 당시 뇌하수체후엽이 두 개의 펩타이드호르몬peptide hormone을 방출한다는 사실이 알려져 있었다. 하나는 바소프레신으로, 혈관을 수축시키고 혈압을 높여 소변의 양을 감소시킨다. 또 하나는 옥시토신oxytocin으로, 임신했을 때 자궁의 평활근을 수축시켜 진통을 유발하기 때문에 산부인과에서 매우 중요하게 생각하는 호르몬이다. 그런데 후엽의 섬세한 구조는 모세혈관 그물이 발달해 있기는 하지만 호르몬을 만들 것으로 보이는 세포는 찾을 수 없었다. 이 모순이 바르크만의 발견에 의해 단번에 해결되었다. 즉 호르몬은 뇌 내부의 뉴런에서 만들어져, 멀리 떨어져 있는 후엽으로 보내지는 것이다. 이 뉴런을 전자현미경으로 들여다보면 분비과립이 핵 근처의 펩타이드 합성공장에서 만들어지며 내분비세포와 다르지 않다는 사실을

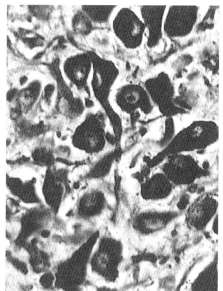
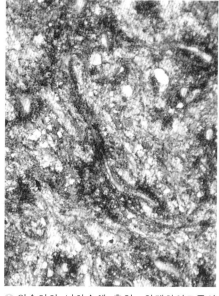

❷ 개 간뇌의 실방핵室傍核. Paraventricular 뉴런. 크롬 헤마톡실린에 의해 분비물이 보라색으로 염색되어 있다.(사노 유타카佐野豊)

❸ 원숭이의 뇌하수체 후엽. 알데하이드푹신 aldehydefuchsin에 의해 모세혈관 주위에서 끝나는 신경의 분비물이 보라색으로 염색되었다

알 수 있다.

색소에 의해 염색되는 과립을 가지고 있는 뉴런의 존재는 1930년대부터 독일의 동물학자 에룬스트 샤라에 의해 물고기의 뇌에서, 그리고 그의 부인 베르타 샤라에 의해 무척추동물의 신경계에서 발견되었다 그래서 뉴런이 선腺으로서 활동하는 '신경분비'라는 주장이 제기되었지만, 학계에서는 인정을 받지 못했다. 고상한 일을 하는 뉴런이 호르몬을 만드는 천박한 행위를 할 리가 없다는 편견이 있었기 때문이다.

바르크만은 젊은 시절에 샤라 부부와 같은 대학의 연구실에서 일했다. 때문에 그들 부부와 거의 매일 들여다보았던 '신경분비'와 관련된 현미경 안의 모습이 머리 속에 각인되어 있었다. 그런데 그와 비슷한 모양의 분비

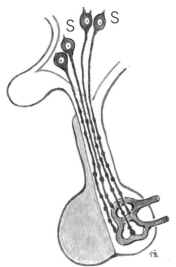

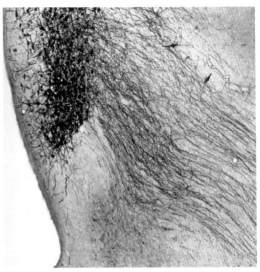

④ 간뇌(시상하부)의 시색상핵Supraoptic nucleus S와 실방핵Paraventricular P로부터 뇌하수체후엽에 이르는 신경분비계의 모형도.

⑤ 바소프레신을 포함하는 뉴런 집단(실방핵)과 뇌하수체후엽으로 향하는 신경돌기. 면역염색. 원숭이. ×20(사노 유타카)

물을 특수한 염색을 통하여 포유류의 뇌에서도 발견하게 되었고, 돌기가 향하고 있는 방향까지 확인할 수 있었던 것이다(④, ⑤).

그 후, 일본과 유럽의 연구자들이 전자현미경으로 검색해본 결과, 둥글고 큰 과립을 가지고 있는 뉴런을 중추와 말초 신경계 대부분의 장소에서 발견할 수 있게 되었다. 각종 펩타이드호르몬이 과립 안에서 증명되었기 때문에(⑥) 이런 종류의 세포를 '펩타이드 작동 뉴런'이라고 부르게 되었다.

바르크만의 수제자 사노 유타카는 교토 부립의과대학 연구그룹을 지휘하며 분비세포의 집단으로서 신경계를 다뤄 이 영역의 발전에 크게 공헌했다.

다양한 동물계를 살펴보면 펩타이드 작동 뉴런이야말로 진화의 뿌리에 기초한 뉴런이라는 걸 알 수 있다. 바퀴벌레나 플라나리아도 둥근 과립 형태의 뉴런이다.

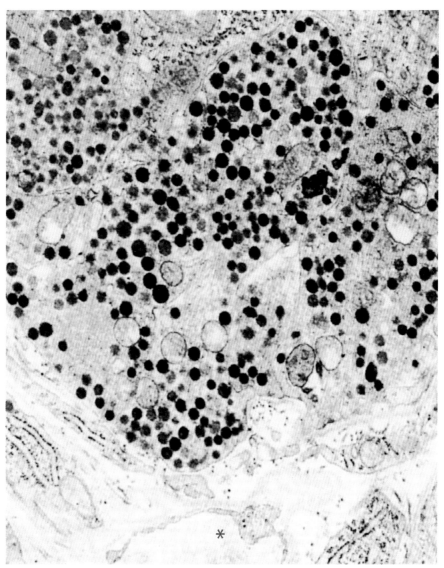

⑥ 뇌하수체후엽을 투과전자현미경으로 들여다본 사진. 혈관(*) 근처에 분비과립이 채워져 있는 신경의
  말단이 보인다. 생쥐. ×9300(후지타 하사오)

46 화재현장에서 강력한 힘을 발휘하게 하는 물질

부신 수질세포

신장 위에 올려져 있는 단팥빵이 부신이라면 겉부분의 빵이 피질皮質, 내용물인 팥이 수질이다. 피질과 수질의 공통점은 호르몬을 분비하는 내분비선이라는 점이다. 그러나 그 호르몬과 세포의 성질만은 양쪽 모두 빵과 단팥보다 더욱 이질적이다. 빵과 단팥의 만남은 필연적이었다고 말할 수 있지만, 피질과 수질은 왜 함께 존재하게 된 것인지 아직까지도 설득력 있는 학설이 나오지 않고 있다.

부신수질에서 나오는 호르몬은 아드레날린이다. 사람이 긴장이나 공포에 빠졌을 대, 고양이를 개와 맞서게 했을 때, 쥐의 하반신을 물에 잠기게 해서 구속했을 때 혈액 안에는 아드레날린이 가득 찬다. 혈압이 오르고 혈당이 높아져 에너지를 모두 개방하는 태세를 갖

❶ 다카미네 조키치(1876~1960)
(야마시타 아이코)

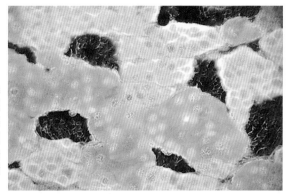

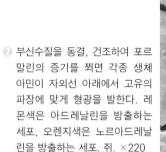

❷ 부신수질을 동결, 건조하여 포르말린의 증기를 쐬면 각종 생체 아민이 자외선 아래에서 고유의 파장에 맞게 형광을 발한다. 레몬색은 아드레날린을 방출하는 세포, 오렌지색은 노르아드레날린을 방출하는 세포. 쥐. ×220

추는 것이다. 따라서 털이 곤두서거나 동공이 열리며, 가느다란 동맥이 수축되어 출혈이 발생하기도 한다.

20세기 초반의 의학계가 요구했던 지혈제로서의 소의 부신에서 아드레날린을 단리(어떤 미생물집단으로부터 특정 미생물을 분리해내는 것)한 것은 다카미네 조키치였다(1901)(❶). 뉴욕에 사설 연구실을 갖추고 신약개발을 하던 다카미네는 23세의 우에나카 케이죠를 조수로 고용해 세계 최초로 호르몬이라고 일컬어지는 것을 물질로 뽑아내는 데 성공했다.

한편, 영국과 독일의 학자들은 부신수질이 아드레날린과 매우 비슷한 노르아드레날린도 분비한다는 것을 밝혀냈다. 나아가 이 아민이 교감신경의 뉴런 말단에서도 방출된다는 것을 밝혀냈다. 따라서 스트레스를 받으면 부신과 온몸의 교감신경으로부터 아드레날린과 노르아드레날린이 일제히 방출된다는 것이다.

또한 부신수질에는 아드레날린을 방출하는 세포와 노르아드레날린을 방출하는 세포가 있다는 사실도 밝혀졌다(❷).

전자현미경으로 부신 수질세포를 들여다보면, 어두운 심(芯)이 있는 분비과립이 가득 차 있고(❸), 아민은 이곳에 저장되어 있다. 동물에게 스트레

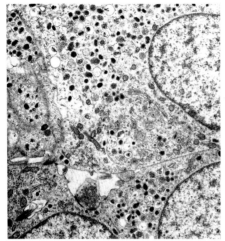
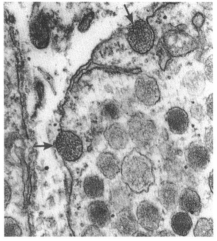

❸ 부신수질을 투과전자현미경으로 들여다본 사진. 자루 안에 검은 심이 있는 특유의 분비과립을 가지고 있다. 접착하는 신경의 말단을 황색으로 착색. ×7500

❹ 쥐의 하반신을 물에 잠기게 하여 구속하는 방법으로 스트레스를 준 이후의 부신 수질세포에 나타난 과립 방출 모습(화살표). ×25000(엔도 야스히사遠藤泰久)

스를 주면 세포가 흥분하여 과립이 입을 벌리고 그 내용물이 방출된다(❹). 수질세포에서는 조면소포체, 골지체라는 단백질합성공장을 볼 수 있는데, 이것은 아민을 만드는 데에는 필요하지 않은 설비다.

1970년대, 면역조직화학의 발달에 의해 부신 수질세포가 펩타이드 호르몬(엔체팔린encephaline 등)을 생산하고 있다는 사실이 판명되었다(❺). 이것은 모르핀과 비슷한 마약성 물질이다. 교토 대학의 누마 쇼사쿠沼正作 등은 유전자공학을 이용하여 수질세포가 프레프로엔케파린 APreproencephaline A, PPEA 라는 단백질을 생산한다는 사실을 알았다. 이것은 수많은 엔체파린 족族의 분자를 함유하는 거대한 부자의 전구체前驅體로, 분비과립 안에서 각각의 작은 분자의 마약성 펩타이드가 분절되어 방출된다. 통증을 없애고 도취감을 안겨주는 모르핀 같은 신경안정물질이 공격성 물질인 아드레날린과 함께 방출되는 것이다.

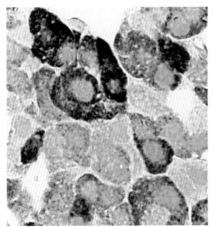

❺ 수질세포의 엔케파린을 면역염색한 것. 쥐.
×420

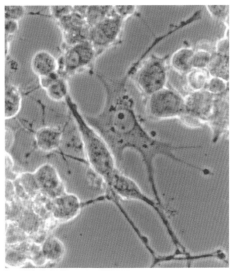

❻ NGF에 의해 뉴런화한 수질세포. ×450

화재현장에서 능력 이상의 힘을 발휘할 수 있도록 만드는 물질은 아드레
날린이지만, 지병의 고통이나 부상의 고통을 잊고 싸울 수 있는 것은 엔체
파린 계열의 마취작용 덕분이다. 조깅이나 운동 연습을 할 때, 고통을 느끼
는 사이사이에 달콤한 쾌감을 느낄 수 있고, 그것이 습관성이 되는 이유도
이 체내마약의 활동 때문이다.

그런데 부신 수질세포는 초기배初期胚 단계에서 교감신경 뉴런과 마찬가지
로 신경릉神經稜으로 불리는 등 쪽의 융기(244p 참조)로 태어나 이리저리 달
려서 부신피질조직(결합조직으로부터 탄생함)으로 파고드는 것이다.

예를 들어, 배양한 부신 수질세포에 신경성장인자 NGF를 첨가해 보면 돌
기를 움직여 뉴런이 되어버린다(❻).

이런 '숨어 있는 뉴런' 같은 세포를 '파라뉴런'이라고 부르는데, 이 뉴런
에 대해서는 뒤에서 계속 소개하기로 한다.

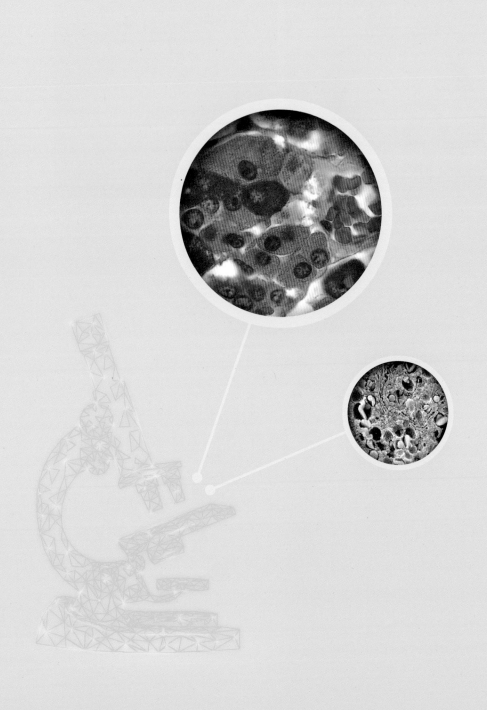

관리직 못지않은 능력

47 드넓은 영지

뇌하수체 전엽세포

뇌 아래쪽에는 콩알 크기의 뇌하수체가 붙어 있다. 그 앞부분 절반은 언뜻 보면 몇 종류의 내분비세포가 모여 있는 평범한 집합체로 보이지만, 이것이야말로 '내분비계의 대왕님'이라고 불리는 뇌하수체 전엽이다. 갑상선, 부신피질, 성선性腺이라는 내분비선을 담당하면서 각각에 대한 '자극호르몬'을 분비하여 그 활동을 엄격하게 컨트롤한다. 전엽은 이 밖에도 성장호르몬과 유선자극호르몬을 분비한다. 성장호르몬은 뼈와 온몸의 성장을 촉진시키고 유선자극호르몬은 유선을 성숙시켜 유즙乳汁을 생산하게 한다(❶).

뇌하수체 전엽은 태아기에 구강 천장의 상피가 함몰되어 형성된 것으로, 이 '라트케낭 Rathke's pouch'이 간뇌로부터 내려오는 신경조직(이것이 후엽이 된다)과 도킹해서 뇌하수체가 되는 것이다.

도쿠시마 대학의 교수였던 다이코쿠 나루오大黒成夫(1982)는 쥐의 태아의 라트케낭을 같은 시기의 미숙한 간뇌 조직과 함께 배양해 보았다. 그러자

대뇌와 간장의 원기와 조합시켜 배양했을 경우보다 여덟 배나 크게 자랐다. 간뇌조직이 라트케낭에 대한 성장인자를 가지고 있는 것이다. 다이코쿠 교수는 이 시기에 라트케낭 안에서 각 타입의 내분비세포로 분화될 상황이 이미 결정되어 있으며, 간뇌는 분화를 유도하는 것이 아니라 성장을 촉진시킬 뿐이라고 주장했다.

그러나 단순히 성장을 촉진시키기 위해서 그렇게 힘든 도킹을 연출한다는 것은 이해하기 어려운 부분이다. 어쨌든 완성된 뇌하수체 전엽의 세포는 놀라울 정도로 뉴런과 공통된 성질을 가지고 있다. 우선, 전엽세포의 분비물 일부(ACTH, MSH, 엔도르핀 등)가 간뇌의 뉴런 분비물과

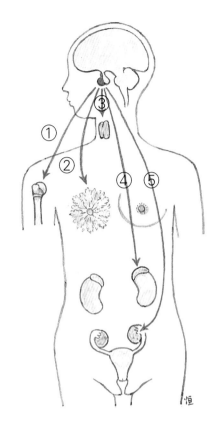

❶ 뇌하수체 전엽(적색)으로부터 방출되는 호르몬과 그 표적기관. ① 성장, ② 유선자극, ③ 갑상선자극, ④ 부신피질자극, ⑤ 성선자극 호르몬

공통성이 있다. 세포의 모양에 대해 말한다면, 뉴런은 돌기가 있고 내분비세포는 둥근 것이 일반적이지만 사이타마 대학 교수인 이노우에 긴지(井上金治)는 급속동결고정법을 이용하여 ACTH세포가 긴 돌기를 내뻗는다는 사실을 발견했다(❷).

한편, 전엽세포는 십여 개의 집단을 만들어 별 모양의 세포(여포성상세포)

❷ 뉴런처럼 돌기를 내뻗고 있는 쥐의 ACTH세포. 형광항체법
蟛光抗體法(이노우에 긴지)

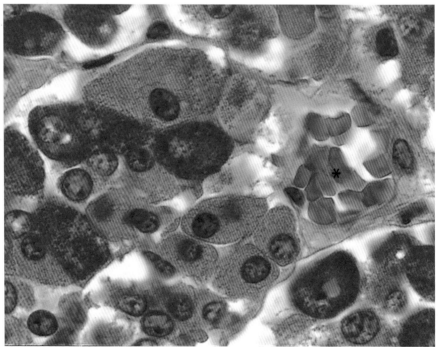

❸ 사람의 뇌하수체 전엽을 광학현미경으로 들여다본 사진. 붉은 세포는 성장호르몬과 유선자극호르몬
을 분비한다. 보라색의 대형 세포는 갑상선자극호르몬을 방출한다. *은 모세혈관과 적혈구. ×620

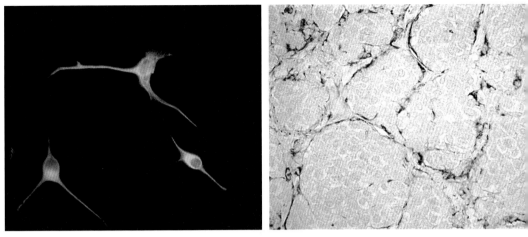

④ 왼쪽 : 여포성상세포濾胞星狀細胞의 배양주培養株를 GFAP(아스트로사이트 고유의 단백질)의 항체로 면역염색
(형광)한 사진.(이노우에 긴지) 오른쪽 : 갑상선자극호르몬thyroid stimulating hormone 생산세포의 종양. 여
포성상세포가 GFAP의 항체로 염색되었다

로 무리 지어 있는데 이 세포가 글리아세포, 특히 아스트로사이트(230p 참
조)와 공통된 성질을 가지고 있다는 사실도 밝혀졌다(④).

최근 뇌하수체 전엽의 유래에 대하여 두 가지 설이 제기되고 있다.
전엽은 대왕답게 뉴런의 모태인 신경외배엽으로부터 발생한다는 설과
구강의 외배엽에서 발생하지만 뉴런 교육을 받아 위대한 대왕으로 등
극한다는 설이다. 최근 와세다 대학의 기쿠야마 사카에菊山榮 교수는 가와무
라 다카스케河村孝介와 한 가지 실험을 했다.

어느 날, 한 학생이 두꺼비의 알비노albino 알을 가지고 연구실을 찾아왔
다. 기쿠야마는 이 하얀 배의 신경릉神經稜(244p 참조) 앞 부분을 절제하고 여
기에 같은 발생단계에 놓여 있는 다른 갈색의 배에서 동일한 부분을 제취
하여 이식했다. 이 배를 올챙이로 키워 해부해 확인하니 눈 위에 갈색 물감
을 한 방울 떨어뜨린 것 같은 모양의 뇌하수체 전엽이 나타났다(⑤). 신경

릉이 낳은 '고귀한' 세포가 속계의 조직에 스며들어 뇌하수체 전엽이 된다는, 대왕이라는 이름에 어울리는 신화를 지지하는 실험이었다.

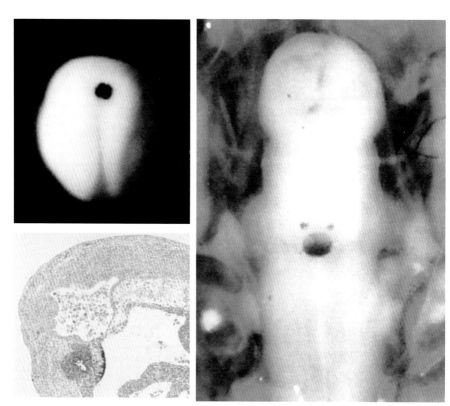

⑤ 왼쪽 위: 알비노albino인 두꺼비의 배胚 신경릉 앞 부분을 이식한 모습.

왼쪽 아래: 올챙이가 되어가고 있는 배를 절편으로 만들어 광학현미경으로 들여다보고 이식한 조각의 향방을 살펴본 모습. 구강의 천장과 뇌하수체 전엽의 원기原基에 갈색의 멜라닌을 가진 세포가 보인다.

오른쪽: 이식을 받은 올챙이의 뇌를 아래쪽에서 바라본 사진. 갈색의 '입'이 뇌하수체 전엽, 작은 '눈'은 뇌하수체가 융기한 부분(전엽이 뻗어 나온 것) (기쿠야마 사카에와 기와무라 다카스케)

48 신경질적인 미식가

랑게르한스섬 β세포

이자에 흩어져 있는 내분비세포의 집단이 랑게르한스섬이다(❶). 그 대부분을 차지하고 있는 β세포만큼 연구자들이 집요하게 연구대상으로 삼은 세포는 없을 것이다. 생명에 필수적인 호르몬인 인슐린을 분비하는 가장 중요한 세포이기 때문이다. 랑게르한스섬에는 그 밖에도 글루카곤^{glucagon}을 분비하는 α세포, 소마토스타틴^{somatostatin}을 분비하는 δ세포 등이 있는데, 그 수나 활동이 모두 소규모이기 때문에 이 존재들이 결여되었을 경우 발생하는 병변에 대해서는 아직 확실하게 밝혀지지 않았다.

한편, β세포는 중요한 존재이기 때문인지 그 태도가 매우 건방지다. 우선 내분비계의 대왕인 뇌하수체 전엽의 지배를 받지 않는다. '랑게르한스섬자극호르몬'은 존재하지 않는 것이나. 사율신경의 영향은 빋지민 지배리고 표현할 정도는 아니다.

그렇다면 β세포를 지배하는 존재는 누구인가. 그것은 혈액 안의 글루코

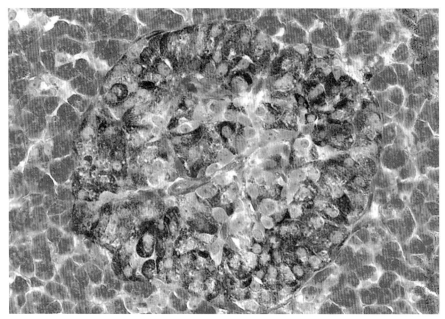

● 사람의 랑게르한스섬을 광학현미경으로 관찰한 사진. 알데히드푹신을 이용하여 β세포의 과립을 보라색으로 염색했다. ×230

스(포도당) 농도(혈당치)다. 여기에 절대적으로 복종하는 β세포가 힘을 잃어버리면 당뇨병에 걸린다. 이른바 성인형(成人型: Ⅱ형) 당뇨병에 걸리는 것이다. 이 경우, 식사나 운동요법 등을 통해 β세포의 부담을 덜어주면 증상이 사라지는 경우도 적지 않다.

하지만 유전적으로 β세포의 상태가 나쁘거나 림프구에 의해 파괴되는 경우가 있는데, 이것이 소아형(小兒型: Ⅰ형) 당뇨병이다. 이때에는 매일 인슐린을 주사하지 않으면 살기 어렵다. β세포의 충실하고 신속한 일 처리는 이 세포를 유리그릇에 담고 글루코스를 뿌리면 쉽게 알 수 있다. 순식간에 인슐린이 방출되는데, 이때 세포에 전극을 꽂으면 활동전위의 스파크가 불꽃이 터지듯 일어난다. β세포는 뉴런과 마찬가지로 '느끼고 내뿜는' 세포인

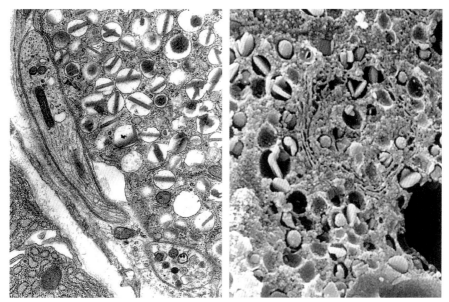

❷ β세포의 일부분을 투과전자현미경으로 들여다본 사진. 신경섬유(청색)와의 접착을 보여준다. 개.
×7000

것이다.

　β세포의 과립을 전자현미경으로 들여다보면, 둥근 자루 안에 막대 모양의 심이 있는데(❷) 인슐린은 심 안에 함유되어 있다. β세포는 또한 엘리트 세포들을 상대한다. 이자 안의 자율신경세포와 그 돌기는 β세포와 사이좋게 피부를 접촉하고 있다(❷, ❸). 여기에서는 신경이 β세포를 지배한다는 상하관계는 매우 희박하며, 오히려 동급의 친구 사이인 것이다. 뉴런은 β세포와 나란히 자신의 분비물(이자액분비를 자극하는 신경호르몬 VIP 등)을 방출하는 일을 하고 있다.

　β세포의 높은 지위를 보여주는 또 다른 장면은 이 세포들의 집단이 원래는 뉴런을 보조해야 할 슈반세포에 둘러싸여 있다는 것이다(❹). 슈반세포에 둘러싸여 있는 β세포는 뉴런과 똑같은 제취 같은 것(세포표면물질)을 내

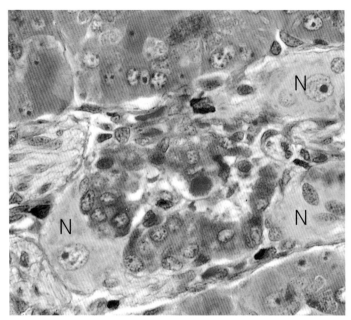

❸ 신경절 안으로 들어간 β세포(보라색)가 뉴런(N)과 접촉하고 있는 장면. 개. 알
데히드푹신염색. ×450

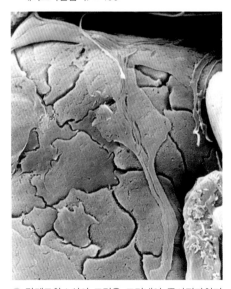

❹ 랑게르한스섬의 표면을 드러내어 주사전자현미
경으로 들여다본 사진. 신경섬유(녹색)와 슈반세
포(황색)가 랑게르한스섬을 감싸고 있다. 생쥐.
×1200

뽑어 상대를 속이고 있는 듯하다.
한편, β세포는 어디에서 오는 것
일까. 이것을 계통발생, 즉 동물의
진화로 살펴보자(❺). 무척추동물
에서는 나메쿠지우오(괄태충, 두색
류)까지 이자도 없고 랑게르한스섬
도 없다. 랑게르한스섬세포에 해
당하는 세포는 모두 장 상피 안에
분산되어 있다. 원구류인 칠성장
어 단계에서 β세포(그리고 δ, α세포)
가 장에서 결합조직 안으로 이동

하여 모세혈관을 가진다. 이것이 원시 랑게르한스섬(⑥)이다. 장에 도달하는 '음식물의 맛'을 보고 있던 세포가 혈액 안으로 흡수된 영양물질(글루코스 등)을 검사한다는, 보다 고급스럽고 합리적인 역할을 하는 쪽으로 출세한 것이다.

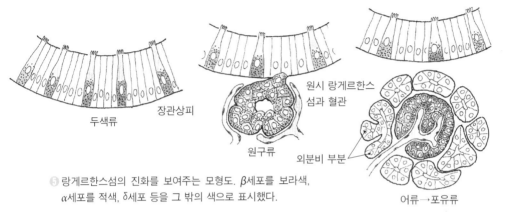

두색류

장관상피

원시 랑게르한스
섬과 혈관

원구류

외분비 부분

어류→포유류

⑤ 랑게르한스섬의 진화를 보여주는 모형도. β세포를 보라색,
α세포를 적색, δ세포 등을 그 밖의 색으로 표시했다.

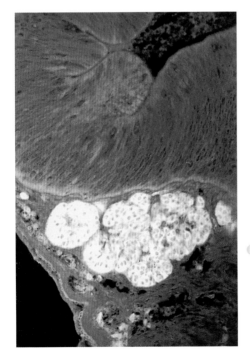

⑥ 칠성장어 유생의 원시 랑게르한스섬을 인슐
린항체로 면역염색하여 형광현미경으로 들
여다본 사진. 장 상피(그림의 위쪽 절반 부분)에
는 이제 β세포가 없다. ×120(아부라이 류고油
井龍伍)

49 창업 이후 5억 년의 세월

장의 센서세포

음식물의 영양성분이나 위험물질이 소화관 점막에 접촉하면 신경의 도움 없이도 자동으로 올바르게 처리된다. 위산^{胃酸}(위험한 염산)이 소장으로 침입하면 알 수 없는 물질이 혈액 안으로 방출되어 이것이 이자에 작용, 알칼리성의 이자액을 방출하면서 장 내부의 산을 중화시킨다. 이런 사실을 발견한 베이리스와 스탈링은 이 물질을 '세크레틴^{secretin}'이라고 이름 붙이고 (1902), 혈액을 타고 돌아다니는 이런 종류의 물질에 '호르몬'이라는 이름을 붙였다(1905). 또 소장에 콘소메나 달걀노른자가 들어오면 '콜레시스토키닌$^{cholecystokinin,\ CCK}$'이라는 호르몬이 나와, 이번에는 이자로부터 짙은 소화액을 방출시켜 담낭을 수축시킨다. 한편 음식물이 위에 들어와 위벽을 자극하면, '가스트린^{gastrin}'이라는 호르몬이 나

❶ 엔리코 소르티아(1975년).

와 위장으로부터 위액을 방출시킨다.

이런 호르몬들의 펩타이드로서의 화학구조는 1960년대에 해명되었는데, 그 분비의 원천에 대해서는 점막 전체에서 솟아나는 '조직호르몬'이라고 여겨졌다.

장 점막 상피에는 하반신에 과립을 가지고 있는 '기저과립세포^{基底顆粒細胞}'가 오래 전부터 알려져 내분비세포일 것이라고 추정되고 있었다. 그러나 분산되어 선^腺을 이루지 않기 때문에 연구자 늦어지고 있었다.

호르몬이 조직이 아닌 세포에 의해 만들어진다는 신념으로 가스트린 분비의 원천을 발견한 사람은 이탈리아의 젊은 병리학자 엔리코 소르티아(1967)였다(❶). 가스트린이 유문전정에만 존재한다는 점에 착안하여 전자현미경으로 조사해보니 회색의 과립을 가지고 있는 나무 술통 모양의 기저과립세포를 유문전정에서만 발견할 수 있었기 때문에 이것을 가스트린세포(G세포 ❷)라고 추정했다. 그리고 얼마 지나지 않아 면역조직화학 분야에서 이 세포에 가스트린이 존재한다는 사실이 확인되었다.

고바야시 시게루^{小林繁}(니가타 대학, 후에 나고야 대학 교수)를 비롯한 우리는 이 기저과립세포들이 모두 장관^{腸管}의 내강^{內腔}에 돌기를 뻗고 미세융모를 관처럼 쓰고 있다는 사실을 발견, 이 세포가 내분비세포임과 동시에 '장의 화학센서'라고 주장했다(1975)(❸, ❹). 장관에 소화관호르몬의 분비를 촉진하는 물질을 주입하고 즉시 전자현미경으로 점막을 조사해보자 특징 타입의 세포에서 과립이 방출되는 모습을 볼 수 있었다(❷).

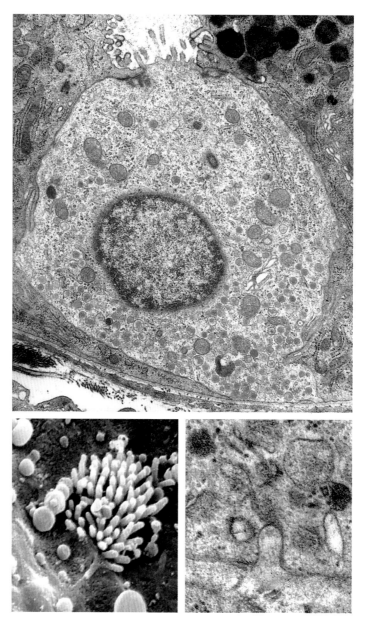

❓ 맨 위 : 사람의 G(가스트린)세포를 투과전자현미경으로 관찰한 사진. 분비과립을 청색으로 착색. ×5000

왼쪽 : G세포의 미세융모를 위점막 표면으로부터 주사전자현미경으로 관찰한 사진. 메추라기. ×6000

오른쪽 : G세포가 입을 열고 과립을 방출하는 모습. 3% 중조重曹를 사람의 유문전정幽門前庭에 뿌린 다음 5분 뒤에 투과전자현미경으로 들여다본 사진. ×20000

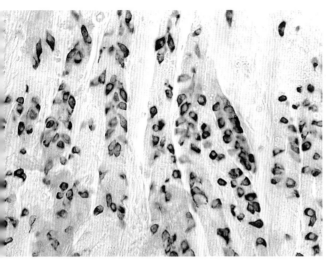

❸ 돼지의 유문전정의 내분비세포. 크로모그래닌이라는 파라뉴런 과립의 단백질을 면역염색했다. ×120(이와나가 도시히코)

❹ 사람의 소장융모의 세크레틴 세포. 세크레틴을 면역염색. ×600(아부라이 류고)

내강을 자극하면 그에 반응하여 흥분하는 세포는 1대 1로 대응하며, 방출되는 호르몬도 정해져 있다(❺). 그렇기 때문에 주인이 수면을 취하고 있는 중이거나 뇌사 상태에 놓여 있을 때에도 장은 물질에 따라 충분히 대응할 수 있는 것이다.

주인의 생명을 지킨다는 점에서는 EC세포(장의 크롬친화세포라는 뜻)보다 나은 세포는 없다. 이 세포는 소화관 전체에 흩어져 세균이나 독소 등 유해물질과 접촉하면 세로토닌이라는 아민을 뿌리고, 이것이 대량의 장액(腸液)을 방출시킨다. 즉 설사를 통해서 독극물을 몸 밖으로 내보내는 것이다.

또, EC세포는 신성섬유와 접촉(❺. ❻), 그 안에 있는 미주신경의 가지가 EC세포의 위험신호를 연수로 전달하여 구토를 유발한다고 여겨지고 있다. 생각해 보면, 기저과립세포는 가장 단순한 센서 겸 분비세포다. 이 파라뉴런은 칠성장어는 물론이고 바퀴벌레에서도, 그리고 가장 오랜 조상에 해당하는 히드라(강장동물)에서도 발견되었다. 음식물과 독극물의 화학정보를 인식하면서 살아가는 구조는 진화가 시작된 후 5억 년이 지난 지금도 바뀌지 않았다.

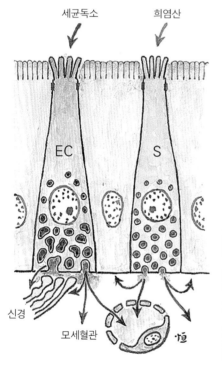

세균독소   희염산

EC   S

신경

모세혈관

⑤ 세크레틴을 분비하는 S세포와 신경과 관계가 깊은 EC세포의 모형도. 세포 윗부분에서 특정 자극을 받으면 아랫부분에서 화살표 방향으로 분비물을 방출한다.

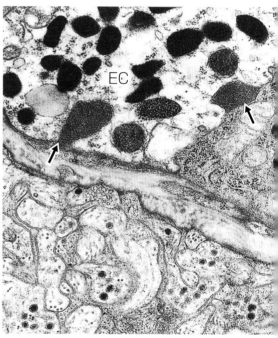

EC

⑥ 토끼의 소장에 있는 EC세포가 콜레라톡신cholera toxin. CT에 의해 과립을 방출하는 모습(화살표). 다량의 신경에 주의. ×9000

50 미래가 희망

미뢰의 미세포

맛을 느끼는 기관인 미뢰^{味雷, Taste bud}(맛을 감지하는 미세포가 들어 있는 곳. ❶)
가 가장 잘 발달한 것은 어류다. 구강내부뿐 아니라 입 주변, 수염 끝, 나
아가 체표에 이르기까지 미뢰가 분포되어 있는 종류도 있다. 미뢰가 어류
의 체표에서 발견된 것(라이디히, 1851)은 나름대로 이유가 있다. 사람에게
는 미뢰의 수가 3천 개 정도이지만 메기의 경우에는 20만 개나 되며, 개
구리는 혀에 거대한 원탁 모양의 유두가 있는데 그 윗면에 다수의 미세포
를 가지고 있다. 하지만 물속에서 생활하는 아프리카발톱 개구리^{South African}
^{clawed frog}는 혀가 없고 그 대신 체표면에 반점 모양으로 흩어져 있는 측선
세포^{側線細胞}에 의해 물에 녹은 먹이의 맛(달콤한 맛이 풍기는 아미노산 등)을 감
지한다 (야나기사와 게이지^{柳澤慧二}). 그렇다면 그들의 식생활은 어떤 것일까.

한편, 포유류에 속하는 우리는 다행인지 불행인지 혀로만 맛을 느낄 수
있다. 사람은 혀의 뒷부분에 V자 모양으로 늘어서 있는 둥근 언덕(유곽유두

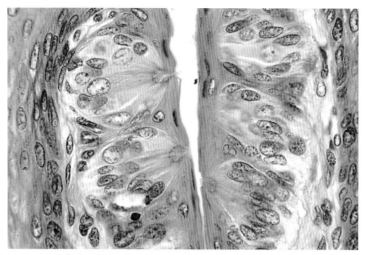

❶ 엽상유두葉狀乳頭. Foliate papillae의 미뢰를 광학현미경으로 들여다본 사진. 혀 점막의 고랑을 따라 미뢰가 늘어서 있다. 토끼. HE

有郭乳頭)에 대부분의 미뢰가 있다. 혀 측면의 주름(엽상유두)에도 일부 미뢰가 있지만 혀 등 쪽에 흩어져 있는 버섯유두fungiform papillae에서는 유아기 이후에는 거의 발견되지 않는다. 미뢰는 등롱燈籠 모양의 세포집단으로, 위쪽 끝의 미공味孔에서 세포가 미세융모를 내밀고 있다. 등롱 바닥에는 수많은 신경이 들어가 있는데, 미세포의 흥분을 뇌에 전달하는 지각신경이다.

미뢰를 투과전자현미경으로 들여다보면 네 종류의 세포를 구별할 수 있다. 여기에서는 신경과 전형적인 화학 시냅스(감각세포로부터 신경으로, 신호물질에 의해 흥분을 전달하는 접한 부분)를 만든다. 따라서 '미세포'라고 불리는 세포(❷, ❸)로 이야기르르 압축해 보자. 종래에 쥐와 생쥐의 연구를 통해서이 세포는 신경과의 시냅스 근처에 작고 밝은 시냅스 소포小胞를 가지고 있다고 알려져 왔다. 하지만 모르모트나 고양이 등 대부분의 포유류에서는 종래에 무시되었던 대형의 어두운 과립이 오히려 훨씬 많이 시냅스에 모여

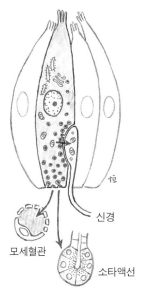

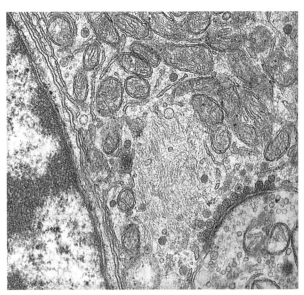

❷ 미세포(청색)의 구조와 기능을 나타
내는 모형도. 분비과립의 내용은 신
경(황색)으로 전달되고 혈관으로 내
분비되며 소타액선^{小唾液腺}으로도 분
비된다.

신경

모세혈관

소타액선

❸ 미세포를 투과전자현미경으로 들여다본 사진. 신경(황
색으로 착색)과의 시냅스에 어두운 과립이 모여 있다. 다
수의 미토콘드리아(화면 위쪽 절반)에도 주의. 모르모트.
×9000 (요시에 노리오^{吉江紀夫})

있다(❸). 이것은 파라뉴런 족에서 찾아볼 수 있는 전형적인 분비과립이다.
요시에는 모르모트의 혀에 자당용액^{蔗糖溶液}을 뿌린 뒤 미세포를 전자현미경
으로 조사해 보았다. 그러자 과립이 오메가 모양으로 시냅스 틈새에 입을
벌리고 있는 모습을 포착할 수 있었다(❹).

또 고양이나 모르모트의 미세포는 이 대형의 어두운 과립을 시냅스 소포
치고는 지나칠 정도로 많이 함유하고 있다는 사실도 새롭게 발견되었는데,
대량의 과립이 세포기저부(세포의 하반신)에 모여 있는 경우도 있다(❷, ❸).
그렇다면, 미세포는 미각에 흥분이 발생하면 신호물질을 시냅스로 방출할
뿐 아니라 근처에 있는 조직에도 뿌리는 것으로(방분비^{傍分泌, Paracrine}), 예를

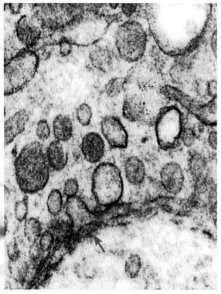

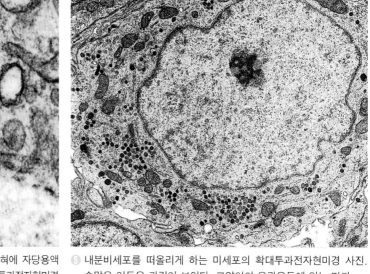

④ 모르모트의 혀에 자당용액
을 뿌린 뒤 투과전자현미경
으로 들여다보자 미세포에
개구방출이 일어나고 있다는
사실을 확인할 수 있었다.
×42000(요시에 노리오)

⑤ 내분비세포를 떠올리게 하는 미세포의 확대투과전자현미경 사진.
수많은 어두운 과립이 보인다. 고양이의 유곽유두에 있는 미뢰.
×6000(가나자와 히로아키[金澤寛])

들면 유두 주위의 고랑에 열려 있는 소타액션을 자극하며 미물질[味物質]을 세
정하고 있는 것인지도 모른다. 시냅스 분비와 방분비라는 일인이역은 파라
뉴런 족에서는 보기 드문 현상이 아니다.

　세상은 식생활의 시대, 아니 영양과학의 시대이지만 미각에 대한 연구는
아직 개척 단계에 놓여 있다. 생리학자는 미구로부터 미물질을 작용시켜
미뢰에서 방출하는 신경의 전기적인 응답을 조사해 성과를 얻어내려 했다.
즉 미뢰의 내부는 블랙박스로 방치되어 왔다. 그런데 최근 생리학자인 도
노사키 게이이치[外崎肇一](현재. 메이카이[明海] 대학 균학부[菌學部] 교수)는 단일미세포에
전극을 삽입하는 데 성공했다.

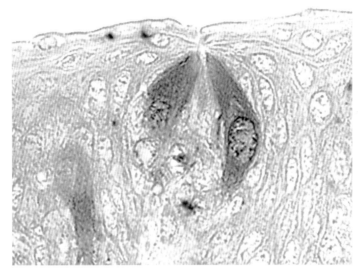

⑥ 파라뉴런의 지표물질指標物質 NSE^{Neuron Specific Enolase}(뉴런 특유의 에놀라제)의 항
체로 염색한 미세포. 개. ×320 (이와나가 도시히코)

하지만 한 종류의 미세포가 신경에 의해 어떻게 다양한 맛을 변별해낼
수 있는가는 아직도 큰 수수께끼다. 미세포와 시냅스의 구조에 관한 연구
는 계속 진행되고 있지만 가장 중요한 '미각의 전달물질'이 무엇인가 하는
것은 아직 밝혀지지 않았다. 노르아드레날린이나 세로토닌을 거론하는 사
람도 있지만, 그 둥근 과립은 '펩타이드가 주인공'이라고 외치고 있는 듯
하다.

51 삶의 보람을 부른다

후세포

복잡한 짐 속에서 마약 냄새를 맡아내는 개나 덤불 속을 헤집고 먹이를 찾아내는 돼지와 비교하면 사람의 후각은 초라하기 짝이 없다. 그래도 된 장국이나 생선을 굽는 냄새. 아름다운 꽃향기나 이성의 향기를 맡을 수 없었다면 인생은 얼마나 무미건조했을까. 이처럼 냄새나 식욕이나 성욕을 자극하여 개인이나 민족의 기억을 불러일으키는 것은 이 감각이 원시적으로 생명과 직결되어 있다는 사실을 암시하고 있다.

냄새를 맡는 장소는 비강鼻腔 안쪽의 점막에 있다. 이 점막의 상피, 즉 후상피Olfactory epithelium는 냄새를 수용하는 수용세포(후세포)와 그것을 지원하는 세포인 지지세포支持細胞로 이루어져 있다. 사람의 후세포 수는 5백만 개 정도이지만 개의 경우에는 2억 개나 된다고 한다. 점막 표면을 보면 후세포는 둥근 머리를 상피 위로 내밀고 거기에서 다시 십여 개의 '후모嗅毛. Olfactory cilia(후각섬모)'를 내뻗고 있다(❶, ❷). 후모의 뿌리는 분명한 섬모이

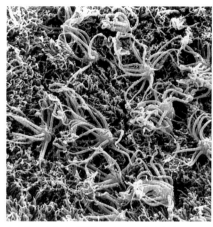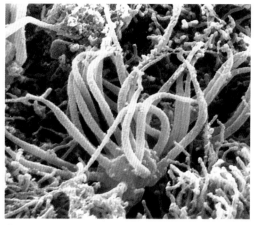

❶ 사람의 후점막嗅粘膜 표면을 주사전자현미경으로 들여다본 사진. 후세포를 황색으로 착색했다. ×3000

❷ 사람의 후세포를 클로즈업한 사진. 세포의 머리에서 후모(섬모)가 나와 있는데 끝이 가늘어져 있다. ×12000

지만 도중에 실처럼 가늘어져 지지세포가 자라 있는 미세융모의 덤불 속을 달린다. 상피의 표면은 특수한 점액으로 덮여 있기 때문에 후모는 점액의 바다에 수초처럼 떠 있는 것이 된다. 냄새의 물질은 점액에 녹은 이후 후모의 표면에 배치된 냄새 수용체와 결합하여 후세포의 흥분을 불러일으킨다. 이 냄새 수용체의 종류는 천 개에 이르지만, 한 개의 후세포는 한 종류의 수용체밖에 가지고 있지 않다고 한다. 한편, 후세포 아래에서는 축색돌기가 뻗어 나와 있고 이것이 다발을 이루어 후신경嗅神經. Olfactory이 되고, 후뇌嗅腦. Rhinencephalon(후각뇌)에 냄새를 전달한다.

　이처럼 후세포는 축색돌기를 가지고 있다는 점에서 오래전부터 신경세포, 즉 뉴런으로 다루어져 왔다. 후세포에는 여러 종류의 원시 성격이 있다는 사실이 알려졌는데, 그중 하나는 후세포가 상피 안에서 아직 분화하지 않은 세포로부터 새로운 탄생을 한다는 것이다. 즉 후세포는 노화하여 탈

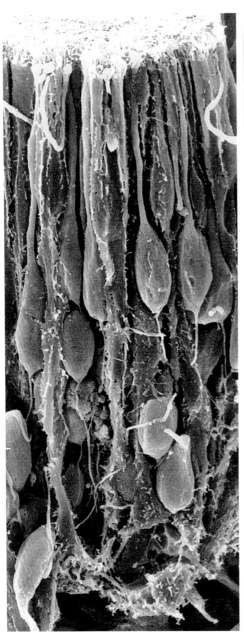

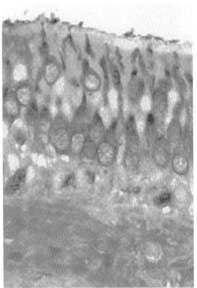

❸ 건강한 사람의 후점막. 후세포가 가지고 있는 NSE를, 그 항체를 이용하여 짙은 갈색으로 염색했다(야마기시 마스오).

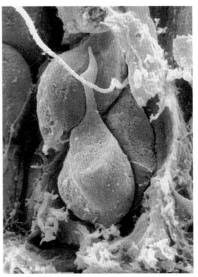

❹ 후상피를 잘라 측면에서 후세포(황색)의 모습을 들여다 본 주사전자현미경 사진. 쥐. ×2300(노무라 도모유키)

❺ 후상피 안에 있는 미숙한 후세포(황색). 쥐. ×4700(노무라 도모유키)

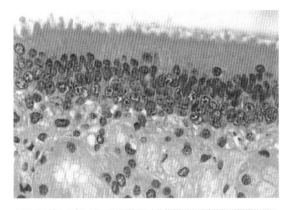

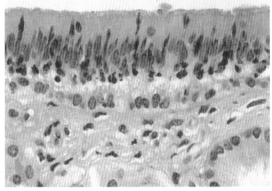

❽ 건강한 사람(위)과 인플루엔자 때문에 후각을 잃은 환자(아래)의 후점막. 위쪽 사진에서 볼 수 있는 후세포의 둥근 핵층이 아래쪽 그림에서는 완전히 찌르러져 있다. 상피의 윗면도 후세포의 머리를 잃고 평평해져 있다. HE(야마기시 마스오).

락하는 세포와 끊임없이 교체되고 있는 것이다.

이처럼 뉴런에는 있을 수 없는 후세포의 본성을 밝혀낸 사람은 도쿄 대학 병리과의 나가하라 요시히코^{永原義彦}(1940)인데 당시에는 이 주장을 받아들이는 사람이 거의 없었다. 하지만 신경간세포에 관한 연구가 왕성한 오늘날, 그 업적이 얼마나 선구적이었는지 잘 알 수 있다.

세상에는 천성적으로 냄새를 맡지 못하는 사람(선천성후각장애)이 있는데, 이런 사람의 후점막을 조사해보면 후세포가 완전히 결여되어 있다. 또, 재미있는 점은 감기에 의한 장애로 어떤 종류의 인플루엔자바이러스에 접촉하게 되면 후세포가 사라져버린다는 것이다(❽). 그리고 유감스럽게도 쥐나 토끼와 달리 사람의 경우에는 일단 완전히 장애를 입은 후점막에서는 후세포가 재생되지 않는다.

52 동전을 쌓아올린 모습

시세포

안구 안으로 들어온 빛은 망막 위에 상을 만든다(53p 참조). 이 영상을 감지하려면 빛의 신호를 신경계의 전기신호로 바꾸는 세포가 필요하다. 이 중요한 역할을 담당하고 있는 것이 시세포다. 시세포는 망막의 가장 깊은 층에서, 맥락막^{Chroid}과 접하여 무리를 이루고 있다(❶). 핵이 모여 있는 층으로부터 원기둥과 원뿔 모양의 돌기가 색소상피층을 향하여 뻗어 있는데, 각각 간상세포^{rod cell}, 추상체^{Cones}라고 불린다(❷).

간상세포와 추상체는 모두 외절^{Outer segment}과 내절^{Inner segment}이라는 두 부분으로 이루어져 있으며, 외절과 내절은 가늘고 잘록한 부분으로 연결되어 있다(❸. ❹. ❺). 사실, 외절은 시세포의 섬모가 빛을 수용하기 위해 복잡한 모양으로 변신한 것이다.

이 외절을 전자현미경으로 보면 외절의 내부에 동전을 산더미처럼 쌓아 놓은 것 같은 구조가 나타난다(❹). 이 원판은 세포막이 변형되어 형성된

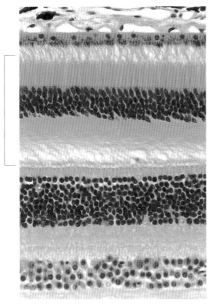

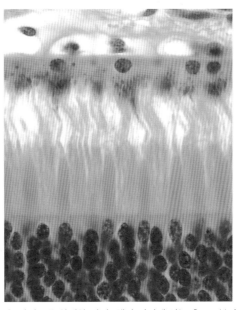

① 원숭이의 망막을 광학현미경으로 들여다 본 사진. 맥락막과 색소상피층 아래에 시세포 층(＊)이 보인다. 빛은 화면의 아래쪽에서 위쪽으로 들어간다. HE. ×170

② 시세포를 확대한 사진. 핵이 밀집해 있는 층으로부터 간상세포(가는 부분)와 추상체(굵은 부분)가 색소상피층(갈색의 멜라닌과립을 가진 것)으로 향하고 있다. 원숭이. ×450

것으로, 막 안에서 빛에 의해 분자구조가 변화하는 '시물질$^{\text{Visual pigment}}$'이 들어 있다. 이 중 간상세포의 시물질은 로돕신^{Rhodopsin}이라고 불리며, 빛에 의해 레티놀^{retinol}(비타민 A의 화학명)과 옵신^{opsin}(당단백)으로 분해된다. 이 반응이 간상세포의 흥분을 유발한다.

추상체에도 마찬가지로 시물질이 존재하지만 이쪽은 적색, 청색, 녹색에 각각 강렬하게 반응하는 세 종류의 시물질이 각각 다른 추상체에 들어 있는 것에 의해 색깔을 식별할 수 있다. 단, 영장류 이외의 대부분의 포유동물은 한 종류의 추상체밖에 가지고 있지 않기 때문에, 그들의 눈에는 흑백의 세계밖에 보이지 않는다. 투우에서 투우사가 흔드는 새빨간 천도 관객

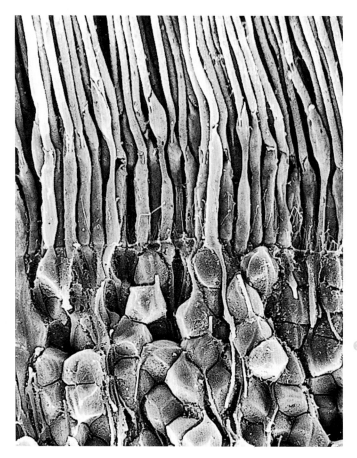

❸ 시세포를 주사전자
현미경으로 들여다
본 사진. 돌멩이 같
은 세포체로부터
간상세포가 줄을
이루고 서있다. 쥐.
×1200

을 흥분시킬 뿐, 소의 입장에서는 아무런 의미가 없는 색깔이다.

또 빛은 시세포의 외절에서 수용되기 때문에, 외절의 굵기와 밀도가 눈
의 해상능력을 결정하게 된다(❻). 마치 신분증이나 잡지의 사진을 돋보기
로 확대하면 보이는 점 하나 하나가 외절이라고 생각하면 이해하기 쉬울
것이다.

외절의 굵기와 밀도는 동물에 따라 상당한 차이가 있다. 예를 들어, 사물
을 주시할 때 사용되는 망막의 중심와中心窩는 사람의 경우에는 직경 약 2미

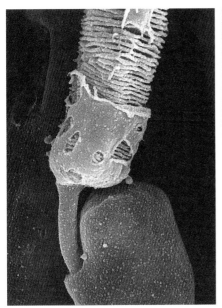
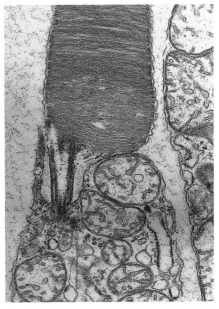

④ 쥐의 간상세포를 주사전자현미경으로 클로즈 업한 사진. 외절의 세포막이 벗겨져 내부의 원판구조가 보인다. ×12000

⑤ 사람의 간상세포를 투과전자현미경으로 들여 다본 사진. 내절로부터 섬모가 나와 있고 그 끝 이 외절과 이어져 있다. ×14000

크론인 외절이 1평방 밀리미터에 15만 개 정도다. 하지만 매의 경우에는 굵기 약 1미크론인 외절이 백만 개나 존재한다고 한다. 물론, 시세포로부터 전해져 오는 신호의 정보를 처리하는 역할을 담당하는 망막의 신경세포도 마찬가지로 발달해 있으니까 아무리 넉넉하게 비교한다고 해도 매의 시력은 우리의 6, 7배는 된다는 결론이 나온다.

데라다 도라히코寺田寅彦의 '솔개와 유부'라는 수필에, 150미터 상공의 솔개가 지상의 쥐를 판별하는 것은 불가능하다는 이야기가 나온다. 솔개의 망막에 비치는 쥐의 모습은 5미크론이 되지 않기 때문에 외절의 두세 개에 걸쳐지게 돼 형태를 알 수 있을 리가 없다는 것이다. 대신 그는 솔개는 상

⑥ 쥐의 망막을 수평으로 잘라 외절의 배열을 드러나게 했다. ×2900

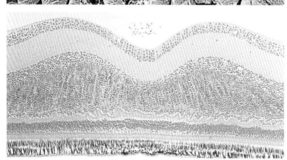

⑦ 솔개의 망막(중심와 근처)을 광학현미경으로 들여다본 사진. HE(오야마 도쿠히데)

승기류를 타고 올라오는 먹이의 냄새를 후각으로 감지하고 사냥에 나선다는 가설을 제기했다.

데라다는 솔개의 눈알이 꽤 작다고 생각했지만 사실은 사람의 눈과 비슷한 정도의 크기이기 때문에 계산을 다시 해보면 망막에 비치는 쥐의 크기는 15미크론 정도가 된다. 매와 마찬가지로 중심와의 시세포가 치밀한 솔개의 입장에서 보면 이 정도 크기의 사냥감을 판별하는 것은 어려운 일이 아닐 것이다(⑦).

53 V 사인

내이는 정밀기계처럼 이루어져 있다. 이 중에서 소리를 듣는 청각을 담당하는 코르티기관은 내이의 달팽이관 안을 나선계단처럼 올라가는 판(기저판) 위에 올려져 있다(❶). 그리고 소리의 진동을 수용하는 유모세포有毛細胞는 이 세포건축물 내부에 있다.

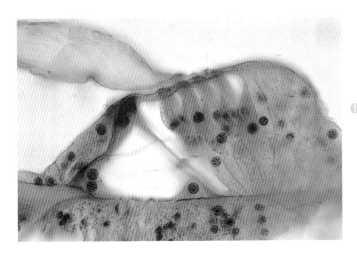

❶ 코르티기관을 광학현미경으로 들여다본 사진. 왼쪽 위로부터 뻗어 있는 혀 같은 덮개막tectorial membrance을 향하여 네 개의 기둥 모양의 외유모세포Outer Hair Cell, OHC가 서 있다. 원숭이. HE.(호시노 도모유키星野知之)

코르티기관의 미세한 구조를 해명하는 데 가장 큰 공헌을 한 사람은 스웨덴의 해부학자 구스타프 레치우스라고 말할 수 있다(❷). 할아버지와 아버지 모두 해부학자인 구스타프는 스톡홀름에서 태어나 35세에 카롤린스카 연구소^{Karolinska Institute}의 조직학 정교수가 되었다가, 이듬해에는 아무런 간섭도 받지 않고 자유로운 연구 활동을 하기 위해 사직한다.

❷ 구스타프 레치우스^{Gustaf} Magnus Retzius. (1842~1919)

그는 자유로운 연구활동의 성과를 모국어인 독일어로 개인 출판하여 세계의 주요 대학에 보냈다. 그 안에는 뇌, 정자, 하등동물의 조직과 관련된 내용도 포함되어 있어 그가 얼마나 다양한 연구를 했는지 보여준다. 레치우스가 그린 아름다운 석판화(❸)는 지금도 보는 사람을 압도한다. 또 그의 유명한 내이 연구는 이 시리즈와는 독립적으로 이루어진 서적으로 출판되었다.

한편, 유모세포의 털(청모聽毛)은 특수한 미세융모로 이루어져 있다. 코르티기관에는 3, 4열의 외유모세포와 1열의 내유모세포가 늘어서 있는데, 청모가 외유모세포의 경우에는 직선 모양으로 자라 있다(❹). 외이도外耳道를 통해 공기의 진동에 의해 전해져 온 음파는 고막의 진동으로부터 이소골耳小骨의 진동으로 바뀌고, 내이에 도달하면 액체(내림프)의 진동이 된다. 이 내림프의 진동이 기저판基底板, Basilar Membrane, BM을 진동시키는 것으로, 청모와 이것을 덮고 있는 덮개막tectorial membrane 사이에 차이와 압력이 발생하여 유모세포가 흥분하게 된다. 유모세포 아래에는 수많은 신경이 시냅스를 만들고 최종적으로 유모세포의 흥분은 뇌로 전달되어 소리로 인식된다.

유모세포를 아래쪽에서 지탱하고 있는 것은 다이텔스세포다(❺). 이 세

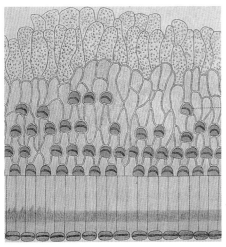
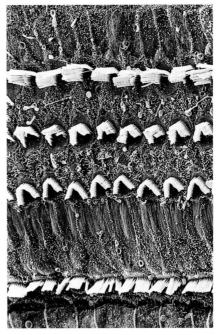

❸ 왼쪽 : 모르모트의 코르티 기관을 주사전자현미경
으로 관찰한 사진. 위의 3열이 외유모세포. 아래
의 1열이 내유모세포Inner Hair Cell, IHC. ×800
화면의 아래쪽에서 위쪽으로 들어간다. HE. ×170
위쪽 : 레치우스가 그린 사람의 코르티기관 부감도(G
Retzius, 1884)

포는 굵은 세포체 위에 유모세포를 짊어지고 있는 한편, 부드러운 팔 같은
돌기를 비스듬히 뻗어 유모세포의 정상 부분에서 목걸이 같은 지지대를 만
들고 있다. 그 모습을 주사전자현미경으로 들여다보면 마치 악기의 내부를
들여다보는 듯이 질서가 잡혀 있다.

그런데 유모세포는 약물에 의해 장애를 일으키는 경우가 있다. 결핵의
특효약인 스트렙토마이신에 의한 '스트렙토마이신난청streptomycin難聽'이 유
명한데 이런 아미노글라이코사이드aminoglycoside 계통의 항생제(카나마이신
kanamycin 등)는 청모를 파괴시킨다(❻). 한편 파장이 강한 일성한 소리를 오
랫동안 듣고 있으면 특정 부분의 유모세포, 특히 청모가 파괴되어(❼) '소
음성 난청'을 일으킨다. 과거에는 '디스코난청' 등으로 불렸지만 최근에는
워크맨에 의한 난청도 많다.

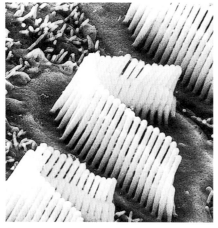

❹ 외유모세포의 청모. 모르모트. ×4800 (이가라
시 도시하루)

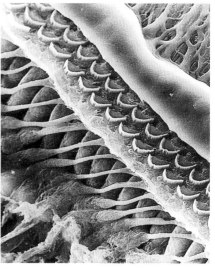

❺ 코르티기관의 내부를 주사전자현미경으로 들여
다본 사진. 다이텔스[Deiters]세포의 비스듬히 기
울어진 팔이 유모세포를 지탱하고 있다.
×850(호시노 도모유키[星野知之])

❻ 카나마이신 투여에 의해 청모가 파괴되고 탈락
한 모습. 모르모트. ×1200 (하라다 야스오[原田康夫])

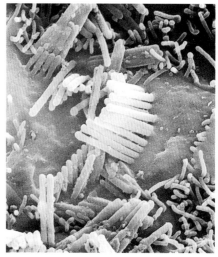

❼ 소음(120데시벨의 소리를 30분)에 의해 붕괴된 청
모. 모르모트. ×6500 (하라다 야스오)

54 산들바람도 놓치지 않는다

메르켈세포

    미각에 미세포, 후각에 후세포가 있다면 피부는 어떨까? 피부의 기계적인 자극을 촉각으로 느끼기 위한 수용세포도 있을 것이라고 생각한 사람은 30세 남짓한 나이에 독일 로스톡^{Rostock} 대학의 해부학 교수로 있던 메르켈이었다. 오리의 부리, 돼지나 두더지의 코끝 상피에서 신경과 접합하는 렌즈 모양의 세포(❶, ❷)를 발견하고, '촉각세포^{Merkel's cell'}라는 이름을 붙였다 (1875).

    1세기 이후, 에딘버러 대학의 이고(1969)는 메르켈세포가 '지순응성^{遲順應性}의 촉각'과 관련이 있다는 사실을 발견했다. 촉각에는 '속순응^{速順應}'과 '지순응^{遲順應}'이 있다. 전자는 접촉한 순간에는 느끼지만 즉시 익숙해져서 감각이 무뎌지고, 후자는 접촉해 있는 동안 오래 지속되는 감각이다. 속순응성의 촉각을 담당하는 것은 '마이스너 소체^{Meissners corpuscles'}라는 실패 모양의 신경의 말단이다. 인체에서는 온몸을 덮고 있는 체모의 뿌리에 '모반'이

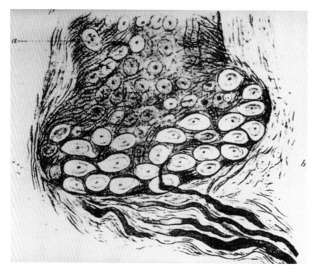

프리드리히 메르켈(1845~ 1919)과 그가 돼지의 코 끝에서 발견한 촉각세포 (Arch Mikr Anat 11: 636- 652, 1875)

라는 둥글고 낮은 언덕이 있다. 이 모반의 표피 안에 메르켈세포가 수십 개 존재하며, 굵은 신경이 연결되어 있다. 피부가 의복에 접촉하는 감각을 느끼는 것이나 피부에 닿는 산들바람의 감각을 느끼는 것은 모두 체모가 흔들려 모반에 있는 메르켈세포를 자극하기 때문이다.

최근, 구강점막이나 입술의 가장자리 등에도 메르켈세포가 많다는 사실이 밝혀졌다. 연인이 오랜 시간 키스를 즐길 수 있는 것은 메르켈세포 덕분이라고 말하는 사람도 있다.

메르켈세포는 칠성장어(원구류) 이상의 동물에서 널리 찾아볼 수 있다. 올챙이의 입 주위도 이 세포의 보물창고라는 말을 들으면 왠지 귀엽게 느껴진다. 고양이나 쥐의 수염은 정교한 촉각기관이지만, 그 껍질(털을 싸고 있는 바깥 부분. 모포毛包)에도 많은 메르켈세포가 배치되어 있다.

메르켈세포를 전자현미경으로 들여다보면 찹쌀떡을 그릇에 올려놓은 모습을 하고 있다. 신경의 끝이 넓게 퍼져 메르켈세포와 시냅스를 만들고 있

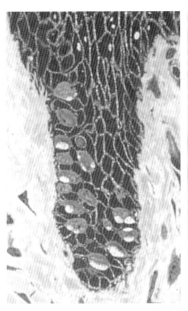

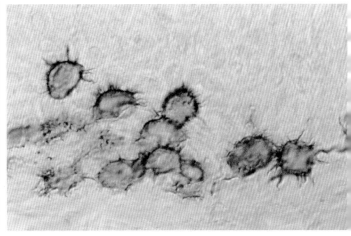

⑤ 토끼의 입술에 있는 메르켈세포를 광학현미경으로 들여
다본 사진. 면역염색에 의해 다수의 가시를 드러낸 모습.
×600(도시마 구니아키)

④ 흰 족제비의 얼굴 상피를 광학현미경
으로 들여다본 사진. 메르켈세포(맑은
색의 렌즈 모양)가 신경(하얀 소체)과 접
해 있다. 트루이딘블루 염색. ×400(도
시마 구니아키豊島邦昭)

는 것이다. 찹쌀떡 안에는 커다란 핵이 있고 분비과립이 아래쪽에 모여 있
다(⑤).

메르켈세포가 고양이의 수염 같은 미세융모를 자라게 한다는 것은 투과
전자현미경(④)으로는 확인되었지만 절편으로는 좀처럼 확인되지 않았다.
그런데 규슈 치과대학 교수인 도시마 구니아키豊島邦昭가 미세융모에 포함되
어 있는 특수한 단백질(비린)을 면역염색하여 마치 성게의 가시처럼 수많
은 미세융모가 자라 있는 모습을 제시했다(⑤).

메르켈세포는 피부나 점막에 전달되는 기계적인 자극을 이 수염 같은 미
세융모의 움직임을 통해서 수용, '감지하면 내보낸다'는 파라뉴런의 방식

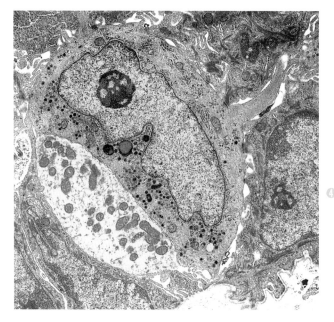

④ 메르켈세포(붉은색으로 착색)를 투과전자현미경으로 들여다본 사진. 옆으로 기울어진 메르켈세포에 분비과립과 뿔 모양의 돌기가 보인다. 신경의 말단(황색)과 접해 있다. 토끼의 입술. ×9000

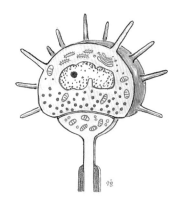

⑤ 메르켈세포의 구조를 나타내는 모식도

을 따라 분비과립을 방출하여 신경을 자극한다고 여겨지고 있다. 하이델베르크 대학의 해부학자 하르츄는 이 분비과립이 신경호르몬(엔체파린 등)을 포함하고 있다는 사실을 제시했다. 또, 도시마는 십자매의 혀를 문지르는 실험을 통하여 혀 점막의 메르켈세포가 과립의 개구방출을 유발한다는 사실을 제시하여 학회에 모인 사람들을 놀라게 했다(⑥).

하지만 신중한(또한 심술궂은) 학자는 자극을 받는 것은 메르켈세포가 아닌 신경의 말단이며, 메르켈세포는 신경성장인자[NGF]를 방출하여 신경섬유를 표피(상피)로 유인하는 역할을 담당하고 있다고 주장한다. 생리학자가

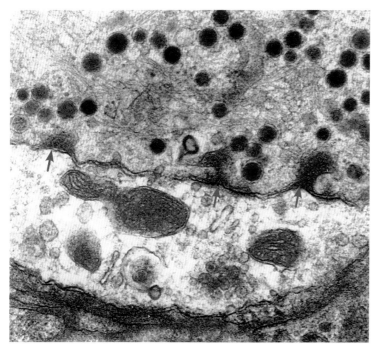

🔵 메르켈세포의 과립이 방출되는 모습(화살표). 십자매의 혀. ×13000(도시마 쿠니아키)

자극의 반응을 신경섬유의 전기적인 변화로 분석하여 간장과 신장의 메르켈세포에 바늘을 꽂는 실험을 게을리했기 때문에 이런 혼란이 발생한 것이다. 냉정하게 생각해서, 찹쌀떡 정도로 많은 유도물질을 뿌리지 않으면 신경을 유인할 수 없는 것일까. 이 세포가 다량의 과립을 가지고 있는 이유는 명백하다. 오랜 시간에 걸친 자극에 대응하려면 과립의 수가 많아야 하는 것이다.

마지막으로 메르켈세포의 유래에 대해 이야기하면, 이 세포도 한때는 파라뉴런과 마찬가지로 그 기원이 신경으로부터 나온 것이라는 의심을 받았지만, 지금은 외배엽 상피의 줄기세포로부터 만들어진다는 사실이 밝혀졌다.

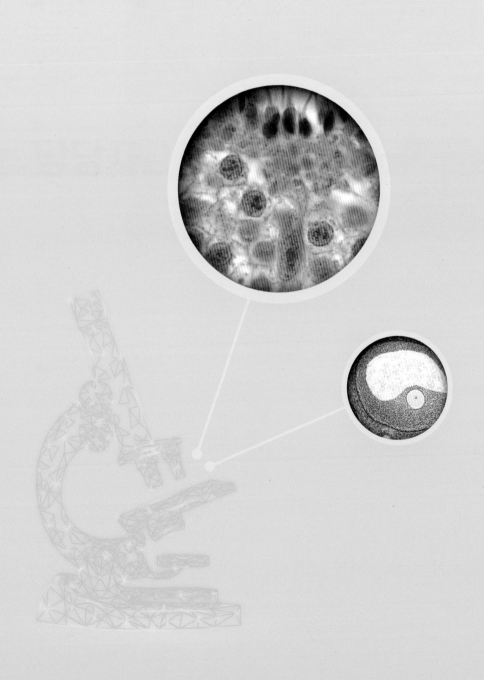

자손을 만드는 담당자

55 보금자리를 떠날 때까지 스킨십을

세르톨리세포

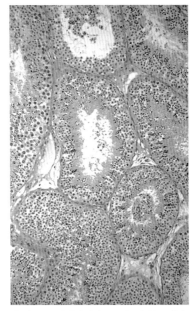

① 정소를 광학현미경으로 들여다본 사진. 세정관의 두꺼운 벽 안에서 정자가 만들어지고 있다. 원숭이. HE. ×67

정소 안에는 수백 개나 되는 가느다란 관이 접힌 상태로 빼곡 채워져 있다 (①). 세정관細精管이라고 불리는 이 관을 한 개의 정소에서 끄집어내어 그 전체 길이를 측정하면 2백50미터에 이른다고 한다. 정자는 이 긴 관의 벽에서 만들어진다.

세정관의 벽에는 두 계통의 세포가 있다(②, ③). 하나는 둥근세포(정원세포 spermatogonia)에서 꼬리가 있는 정자로까지 성숙하고 변신하는 일련의 세포로, 이들을 뭉뚱그려 '정세포'라고 한다. 다

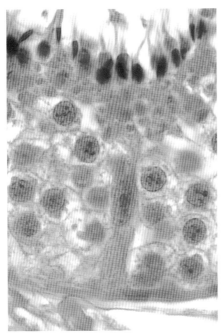

❷ 세정관을 확대한 광학현미경 사진. 중앙에 세르톨리세포가 서 있고 주위에 둥근 정세포精細胞가 보인다. 위쪽에는 보금자리를 뜨기 전의 정자. 원숭이. HE. ×800

❸ 세정관의 단면을 주사전자현미경으로 들여다본 사진. 세르톨리세포(갈색)가 정원세포(보라색)와 그 밖의 정세포(청색) 사이에 돌기를 내뻗고 있다. 쥐. ×800

른 하나는 그것을 지원하고 양육하는 '지지세포'로 '세르톨리세포'라고 한다. 1865년 이탈리아의 엔리코 세르톨리가 세정관의 벽에 나무처럼 가지를 뻗고 있는 세포를 발견하여 보고한 것에서 따온 이름이다. 이것은 세르톨리가 파비아 대학에 다니던 23살 때 발견했다.

광학현미경으로 세르톨리세포를 들여다보면 관강管腔. Lumen을 향하여 불꽃처럼 솟아 있고, 커다란 핵소체核小體. Nucleolus와 세로로 가늘고 긴 핵을 가지고 있는 것이 특징이다(❶). 전자현미경으로 보면, 세르톨리세포는 정세포 사이에 다수의 얇은 돌기를 뻗어 정세포를 한 개씩 정성스럽게 감싸고

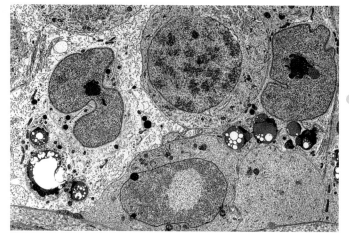

❹ 세정관의 기저부위를 투과전자현미경으로 들여다본 사진. 세르톨리세포(크림색)가 연결되어 있는 부분 아래(기저부위)에 정원세포(보라색)가 있다. 사람. ×2000

있다.

또 이웃에 있는 세르톨리세포는 서로 손을 잡고 연결되어 있다(❹, ❺). 이 것에 의해 세정관의 벽은 1층과 2층의 두 구역으로 구분되어 1층에는 정원세포가, 2층에는 감수분열을 끝낸 정세포가 살게 된다. 혈관에 트레이서^{tracer}(전자현미경으로 그 행방을 추적할 수 있는 단백분자)를 주입해 세정관의 벽을 관찰하면 혈관으로부터 트레이서가 새어나와 세정관의 벽에 배어드는 모습을 볼 수 있다. 이때 세르톨리세포의 경계가 있기 때문에 관강 쪽(2층)에는 트레이서가 들어가지 않는다. 그래서 이런 경계를 '혈액정소관문^{血液精巢關門}'이라고 부르고 있다.

관문 아래에 해당하는 1층은 주위의 결합조직과 접촉하여 혈관으로부터 영향받기 쉬운 것에 비하여 위쪽 2층은 그곳으로부터 격리된 환경으로 이루어져 있다. 성숙 중인 정세포는 이렇게 해서 혈액을 통해 찾아오는 유해한 인자로부터 지켜진다. 또 정세포는 감수분열을 마치면 유전자적으로는 신체의 일반적인 세포와 달라지지만 이 관문 덕분에 면역의 감시로부터 벗어나 살아남을

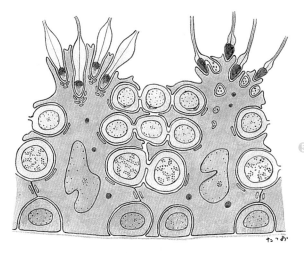

⑤ 세정관 벽의 구조를 나타내는 모형도. 세르톨리세포(오렌지)의 결합에 의한 혈액정소관문 아래에 정원세포(보라색)가, 위에 감수분열을 끝낸 정세포(청색)가 있다

수 있다.

세르톨리세포는 이처럼 정세포를 보호하는 한편, 정세포에 영양을 공급하는 등 적극적으로 정세포를 보호해준다.

최근의 연구에 의하면 세르톨리세포는 다양한 물질을 분비한다. 안드로겐결합단백질도 그중의 하나로, 분비된 이 단백질은 혈액정소관문 위의 2층에 모여 그 구역의 안드레곤(남성호르몬) 농도를 높여 정세포가 정자로 변신하는 일을 돕는다.

그런 한편, 세르톨리세포는 정세포가 정자가 될 때 필요없게 된 세포질을 처리하기도 한다. 세정관의 벽을 벗어나기 직전의 정자가 세르톨리세포의 세포질 안에 머리를 집어넣고 있는 모습은 병아리가 어미 닭의 품에 안겨 있는 모습처럼 보인다(⑥). 이때, 정자는 필요 없어진 세포질을 세르돌리세포가 처리하도록 맡기고 보금자리를 떠날 준비를 갖춘다.

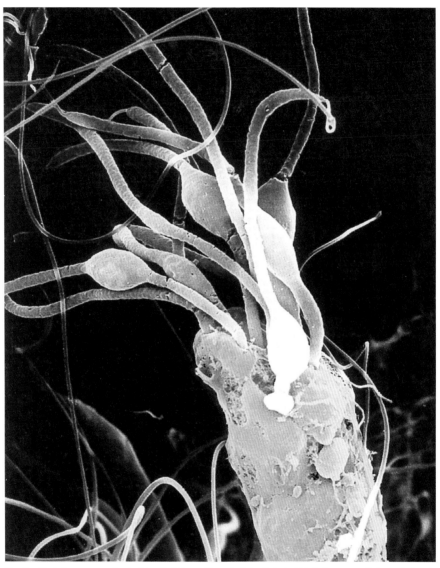

❻ 세르톨리세포(크림색)에 머리를 집어넣고 있는 정자를 주사전자현미경으로 들여다본 사진. 쥐.
×1500

56 거대한 변신

정소의 세정관 벽에는 세르톨리세포를 비롯하여 발육단계에 있는 여러 종류의 정세포가 살면서 정자를 만들고 있다는 점에 대해서는 앞에서 설명했다. 그런데 남성은 평생 어느 정도 수의 정자를 만들까? 건강한 남성의 정액 1밀리리터에는 약 1억 개의 정자가 포함되어 있다. 한번 사정하는 양이 4밀리리터라고 하면 그 안에서 4억 개, 그것을 평생 동안의 양으로 계산하면 천문학적인 숫자가 된다. 이 막대한 수의 정자가 정소 안에서 어떤 식으로 만들어지는 것인지, 여기에서는 그 부분을 이야기해보자.

정세포 중에서 세정관 벽의 바닥(기저부)에 살고 있는 것이 가장 어리며 정원세포라고 부른다(❶). 이 정원세포에는 사춘기 이후 활발한 유사분열을 하고 있는 본래의 줄기세포와 그곳에서 한 번 분열하여 이미 정자로 분화할 운명을 부여받은 세포가 포함된다. 후자의 세포는 다시 한 번 유사분열을 거친 뒤 세르톨리세포의 혈액정소관문을 넘어 정모세포가 된다.

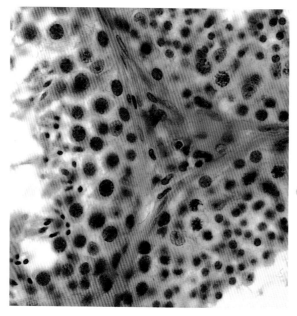

❶ 사람의 세정관을 광학현미경으로 들여다본 사진. 화면 왼쪽의 세정관에서는 하단에 정원세포가 늘어서 있고 중단에 크고 둥근 정모세포 spermatocyte, 상단에 정자가 보인다. 오른쪽 위의 세정관에서는 상단을 작고 둥근 정자세포가 차지하고 있다

　정모세포는 두 번의 분열을 거쳐 정자세포로 변하는데, 이때 보통의 세포분열과는 다른 특수한 분열(감수분열)이 발생한다. 그 결과, 보통의 세포와 같은 수의 염색체(46개)를 가진 정모세포에서 그 절반의 염색체(23개)밖에 없는 정자세포가 형성된다.

　이렇게 형성된 정자세포는 단순히 둥근 세포로밖에는 보이지 않지만, 훌륭한 변신능력을 가지고 있기 때문에 나중에 꼬리를 단 정자로 드라마틱한 변신을 하게 되는 것이다(❷).

　우선, 골지체의 자루 속에 특유한 과립이 나타나는데 이 자루가 핵에 달라붙어 표면으로 확대되어 핵에 헬멧을 씌운 듯한 모양이 된다. 이 헬멧을 '첨체'라고 부른다. 한편, 세포질 안의 두 개의 중심체는 첨체의 반대쪽으로 이동하고, 그중 한 개에서 편모鞭毛(한 개의 섬모)가 뻗어 나온다. 그리고

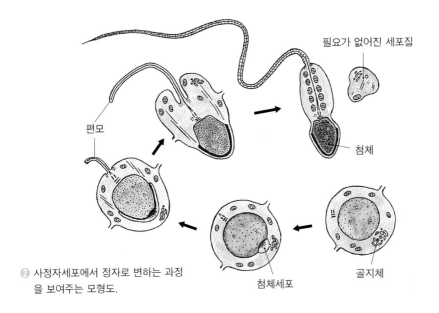

필요가 없어진 세포질

편모

첨체

골지체

❷ 사정자세포에서 정자로 변하는 과정
을 보여주는 모형도.

첨체세포

미토콘드리아가 편모에 감겨 편모 주위로 모여든 세포질이 떨어져나가면
변신이 모두 끝난다.

한편, 광학현미경으로 세정관의 벽을 자세히 들여다보면 앞에서 설명한
다양한 단계의 정세포가 세정관 벽에 무작위로 아무렇게나 늘어서 있는 것
이 아님을 알 수 있다. 어느 세정관 벽에서는 일정한 발생단계에 놓여 있는
세포의 조합만이 보이고, 다른 장소에서는 이와는 다른 조합만 보인다. 즉 정
세포의 변신은 장소에 따라 다른 모습을 보이는 것이다. 사실, 정세포는 세
포체가 완전히 분리되지 않고 가느다란 세포질(세포간교)로 연결된 채 분열
한다(❸). 이 분열 방법은 정원세포 단계에서 시작되기 때문에 한 개의 정원
세포에서 분열되어 형성되는 정자세포는 모두 연결된다. 즉 적게 어림잡아
도 30개 이상의 정자세포가 서로 손을 잡고 있으며(소토가와 야스오外川入洲雄)

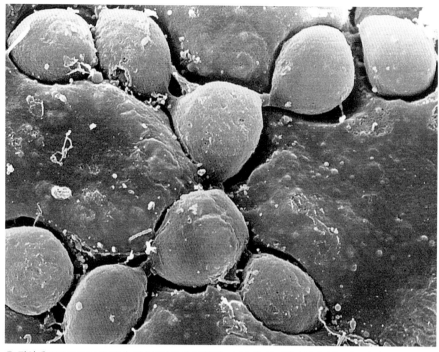

❸ 정원세포(보라색으로 착색)가 세포간교에서 연결되는 모습을 주사전자현미경을 사용하여 기저면 쪽에서 들여다본 사진. 세르톨리세포의 커다란 엉덩이가 사이사이를 채우고 있다. 쥐. ×1600

그 무리는 완전히 횡렬을 이루고 발생과 변신을 실행한다. 이 횡렬은 정자세포가 변신을 끝낼 때까지 유지된다. 이렇게 해서 정원세포가 분화를 시작한지 약 64일 후, 마침내 서로의 연결고리가 끊어지고 세르톨리세포에 의해 필요가 없어진 세포질을 처리한 정자는 세정관의 내면에서 벗어나 멀리 여행에 나선다(❹).

완성된 모습을 갖춘 정자는 침체를 뒤집어쓴 작은 머리에 긴 꼬리를 가진 모습이다. 머리는 유전자를 탑재하고 있는 핵이다. 첨체의 자루에는 몇 종류의 분해효소가 들어 있어, 수정할 때 이것을 방출하는 것에 의해 난자를 감싸고 있는 두꺼운 막을 녹일 수 있다. 즉 첨체는 정자가 난자에 돌

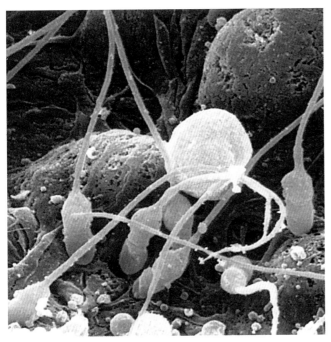

④ 세정관의 벽을 벗어나
기 직전의 정자(청색).
사람. ×1800

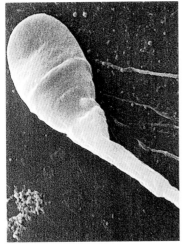

⑤ 사람의 정자의 머리와 목 부분을 주사
전자현미경으로 들여다본 사진.
×4700

입하기 위해 필요한 화학무기라고 할 수
있다.

정자의 꼬리는 길이가 약 55미크론으
로, 이것은 원시적인 동물이나 식물의 편
모, 섬모와 비슷하다. 꼬리의 뿌리 부분
에 감겨 있는 미토콘드리아는 정자의 연
료탱크다. 이는 난자를 찾아가는 긴 여행
에서 동료늘과의 경생에 승리할 수 있도
록 필요한 최소한의 장비만을 갖춘 마라
톤 선수의 모습과 비슷하다.

57 시녀들에게 둘러싸여 있는 여왕님

난세포

　남성이 평생 동안 수많은 정자를 만드는 것에 비하여 여성이 만드는 난자의 수는 매우 적다. 사실, 남성은 간세포(정원세포)가 평생에 걸쳐 계속 분열하지만 여성은 분열능력을 가지고 있는 간세포(난조세포^{Oogonia})의 역할이 이미 끝나버린다. 따라서 출생한 이후에는 감수분열을 시작하는 단계에서 휴면기에 들어간 난모세포^{oocyte}가 남을 뿐이다. 난모세포의 활동은 그 후에 사춘기까지 정지된다.

　이때 각 난모세포는 주위가 한 층의 상피로 둘러싸여 '난포^{卵胞}'라는 구조를 이룬다. 사춘기로 접어들면 이 안에서 선택된 몇 개의 난모세포가 주기적으로(월경 주기에 맞추어) 잠에서 깨어나 성숙되기 시작한다. 이 성숙은 난포상피를 동반하고 이루어지기 때문에 '난포의 성숙'이라고 불린다.

　난포가 성숙하기 시작하는 징조는 난포상피의 변화에 가장 먼저 나타난다. 편평한 세포가 입체 모양으로 변하는 것이다(●). 그 후, 난포상피는 분

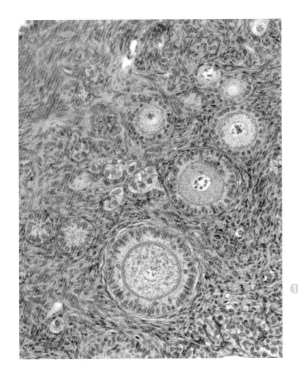

❶ 미숙한 난포Follicular를 광학현미경으로 들여다본 사진. 둥근 알사탕 같은 세포가 난모세포이며 그 주위를 한 층의 난포상피가 둘러싸고 있다. 토끼. MG염색. ×100

열과 증식을 시작, 상피는 몇 개의 층을 이루게 되고 나아가 상피 사이에 커다란 액강液腔이 형성된다(❷). 난포의 크기는 최종적으로 2센티미터 정도나 된다. 이렇게 성숙한 난포의 난포상피는 주위에 있는 결합조직의 세포(난포막세포Theca cell)와 공동으로 에스트로겐(난포호르몬)을 대량으로 만들어낸다.

그런데 성숙한 난포 안의 난모세포는 투명한 젤리로 이루어진 층(투명대透明帶)으로 둘러싸여 있다(❸, ❹). 이렇게 해서 시녀와 함께 여행에 나선 난자는 수정을 할 때에도 시녀들에게 둘러싸여 있다. 따라서 정자는 이 시녀들의 경호를 피해 들어가야 하고 더구나 젤리로 이루어진 층을 뚫지 못하면 난자를 만날 수 없다. 전자현미경을 사용하여 들여다보면 시녀들이 정

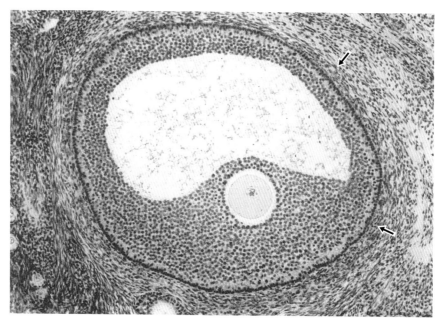

❷ 성숙 과정의 난포를 광학현미경으로 들여다본 사진. 난모세포는 몇 개의 층을 이룬 난포상피에 둘러싸여 있다. 난포를 둘러싸고 있는 결합조직의 화살표에 해당하는 층에서 에스트로겐이 방출된다. 원숭이. HE. ×85

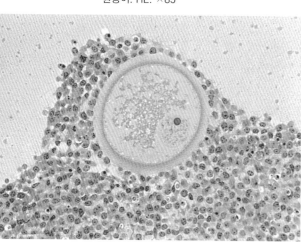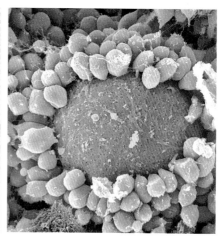

❸ 성숙한 난포 일부를 확대한 사진. 왼쪽: 광학현미경을 사용하여 난모세포와 그 주위의 투명대, 그리고 가장 안쪽에 해당하는 층의 난포상피세포를 들여다본 사진. 오른쪽: 주사전자현미경으로 들여다보면 투명대(적색)에 난포상피세포가 달라붙어 있는 모습을 확인할 수 있다. 생쥐. ×430

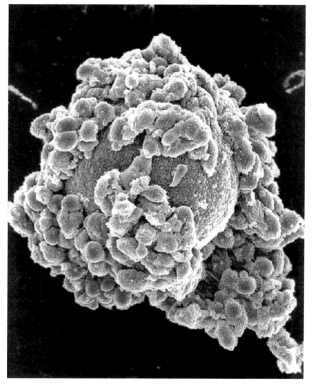

❹ 배란을 끝낸 사람의 난세포를 주사전자현미경으로 들여다본 사진. 난세포는 아직 투명대(적색)와 난포상피세포에 둘러싸여 있다.
×530(Pietro M. Motta와 마카베[間壁] 사요코)

자를 잡아먹는 무서운 장면도 확인할 수 있고, 기형정자나 쓸모가 없어진 정자를 처리하는 모습도 확인할 수 있다.

수정을 끝내고 난할을 시작한 난자는 한동안 시녀들에게 둘러싸여 있다. 이 시기는 스테로이드합성세포와 똑같은 미세구조를 보이기 때문에, 수정을 한 이후에도 난자에 달라붙어 호르몬(황체호르몬)을 분비하며 난할이 적절하게 이루어질 수 있는 환경을 만드는 것이라고 상상하는 연구자도 있다. 물론, 난할이 진행되는 과정에서 이 세포는 벗겨져 나가고 젤리로 이루

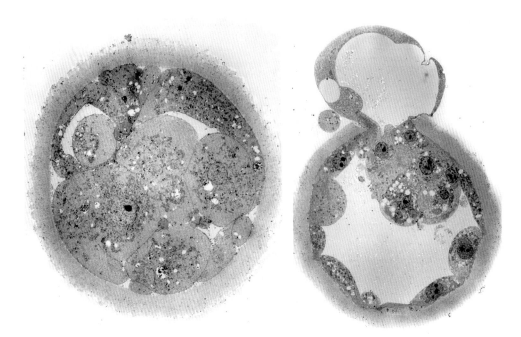

⑤ 수정을 끝내고 난할을 시작한 사람의 난세포를 투과전자현미경으로 들여다본 사진. 왼쪽은 세포가 분열하여 뽕나무 열매 모양을 보이고 있지만(상실배Morula, 아직은 투명대(적색으로 착색)에 둘러싸여 있다. 오른쪽은 더욱 분화한 배반포Blastocyst가 되어 투명대를 벗어나고 있는 장면. ×340(마카베 사요코와 Pietro M. Motta)

어진 층만 남는다(⑤). 그리고 마지막으로 난자는 이 젤리 층을 벗어나 자궁에 착상한다.

맺음말

인생에서 가장 즐거운 일은 '만남'일 것이다. 훌륭하고 멋진 사람을 만나는 것이 최고의 만남일 수 있지만, 이 책에서는 아름다운 세포들과의 만남을 다루었다. 우리가 연구를 시작했을 무렵, 직접 만든 표본 안에서 예상했던 세포를 확인하게 되었을 때 느꼈던 기쁨은 지금도 잊을 수 없다. 그 후에도 세포의 예상치 못한 행동이나 성질을 발견할 때마다 새로운 감동을 맛볼 수 있었다.

그 세포에 대해 좀 더 알고 싶다는 마음이 들면 책이나 논문을 읽는다. 그럴 경우, 거기에서 그 세포와 관련된 동서고금의 인물들을 만나게 된다. 우리가 관찰하고 있는 이 세포를 각 시대마다 현미경을 사용하여 들여다보았던 사람이 있었다는 사실을 아는 것만으로 가슴이 설렌다. 시대가 흐르면서 각 시대 연구자들의 승리와 좌절의 역사가 쌓여 현재의 안식이 존재하게 되었다. 그리고 우리도 이런 세포 이야기에 새로운 내용을 첨가할 수 있을지 모른다는 긴장감이 현미경을 들여다보는 우리의 마음을 고양시킨다. 그런 이유에서 세포가 개입되어 알게 된 사람과의 만남에 대해서 간단히 소개하기로 한다.

저자인 두 사람은 시기가 다르지만 니가타 대학 의학부 제3해부학교실에 재직하며 세포 연구를 위해 노력해왔다. 이 교실은 1960년대부터 주사전자현미경을 이용하여 세포의 입체 미세구조를 연구, 그 이름이 전 세계에 알려져 있었다. 특히, 세포가 걸치고 있는 반 유동성 물질을 약품으로 녹여 제거한 후, 알몸이 된 세포를 확인하는 것이 이 교실의 특기다. 이 책에는 그런 '세포의 누드 사진'을 많이 실었다. 일부 사진에서는 착색을 해서 서로 얽혀 있는 세포를 쉽게 구별할 수 있도록 만들었다.

세포의 내부구조를 보여주는 투과전자현미경 사진과 세포의 효소나 호르몬을 보여주는 광학현미경 사진은 가능하면 교실에 있는 작품 중 아름답고 설득력 있는 것들을 엄선했지만, 부족한 느낌이 드는 경우에는 다른 대학의 자료를 빌려 실었다.

만화(컷)와 모형도는 그림 그리는 것을 좋아하는 두 저자의 작품이다.

이 책은 월간지 '신약과 치료'(야마노우치제약 山之內製藥)에 1987~1993년까지 6년에 걸쳐 연재한 '세포 신사록'을 정리한 것인데, 그동안 진척된 내용을 참조하여 개정했다. 한 권의 책으로 정리하는 과정에서 세포들의 얼굴을 배열하는 데에도 나름대로 신경을 써서 배려했다.

다량의 그림과 정보를 책 한 권에 수록하는 것이 쉬운 일은 아니었는데도 그런대로 극복할 수 있었던 이유는 이와나미서점의 직원 여러분들, 특히 모리森光實 씨 덕분이다. 수많은 연구협력자들, 특히 홋카이도北海道 대학의 이와나가 도시히코岩永敏彦 교수, 히로미 부인, 그리고 원고를 완성할 수 있도록 지원해주신 가토加藤綠 씨, 도모코原智子 씨에게 감사를 드린다.

찾아보기